Methodik zur Planung skalierbarer und rekonfigurierbarer Montagesysteme

Von der Fakultät für Maschinenwesen
der Rheinisch-Westfälischen Technischen Hochschule Aachen
zur Erlangung des akademischen Grades eines
Doktors der Ingenieurwissenschaften
genehmigte Dissertation

vorgelegt von

Jan Josef Eilers

Berichter:

Univ.-Prof. Dr.-Ing. Robert Heinrich Schmitt
Prof. Dr.-Ing. Rainer Müller

Tag der mündlichen Prüfung: 01. Oktober 2014

ERGEBNISSE AUS DER PRODUKTIONSTECHNIK

Jan Eilers

Methodik zur Planung skalierbarer und rekonfigurierbarer Montagesysteme

Herausgeber:
Prof. Dr.-Ing. Dr.-Ing. E.h. Dr. h.c. Dr. h.c. F. Klocke
Prof. Dr.-Ing. Dipl.-Wirt.Ing. G. Schuh
Prof. Dr.-Ing. C. Brecher
Prof. Dr.-Ing. R. H. Schmitt

Band 9/2015

WZL RWTHAACHEN

Fraunhofer IPT

Bibliografische Information der Deutschen Nationalbibliothek
Die Deutsche Nationalbibliothek verzeichnet diese Publikation in der Deutschen Nationalbibliografie; detaillierte bibliografische Daten sind im Internet über http://dnb.ddb.de abrufbar.

Jan Eilers:

Methodik zur Planung skalierbarer und rekonfigurierbarer Montagesysteme

1. Auflage, 2015

Gedruckt auf holz- und säurefreiem Papier, 100% chlorfrei gebleicht.

Apprimus Verlag, Aachen, 2015
Wissenschaftsverlag des Instituts für Industriekommunikation und Fachmedien an der RWTH Aachen
Steinbachstr. 25, 52074 Aachen
Internet: www.apprimus-verlag.de, E-Mail: info@apprimus-verlag.de

Druck: KN Digital Printforce GmbH, Stuttgart

ISBN 978-3-86359-295-0

D 82 (Diss. RWTH Aachen University, 2014)

Vorwort

Die vorliegende Arbeit entstand während meiner Tätigkeit als wissenschaftlicher Mitarbeiter am Werkzeugmaschinenlabor (WZL) der Rheinisch-Westfälischen Technischen Hochschule Aachen.

Mein besonderer Dank für die Möglichkeit zur Promotion gilt meinen beiden Doktorvätern, Herrn Professor Robert Schmitt und Herrn Professor Rainer Müller, die mir diese Arbeit ermöglicht haben. Ihre fachliche Unterstützung, die konstruktiven Gespräche sowie die wohlwollende Förderung haben maßgeblich zum Abschluss der Arbeit beigetragen. Für die Übernahme des Prüfungsvorsitzes danke ich Herrn Professor Kai-Uwe Schröder und für die Übernahme des Beisitzes Herrn Professor Christian Hopmann.

Ganz besonders danke ich meinem ehemaligen Oberingenieur Herrn Dr. Martin Esser für die inhaltlichen und strategischen Diskussionen, seine Motivation im gesamten Verlauf der Arbeit sowie die Durchsicht des Manuskriptes. Sein fortwährender persönlicher Einsatz hat das Gelingen dieser Arbeit erst möglich gemacht.

Ein Großteil der Forschungsarbeiten entstand im Rahmen des vom BMBF über den Projektträger Forschungszentrum Karlsruhe geförderten Verbundprojektes „RePlaMo“ und im Rahmen des vom BMWi geförderten Kooperationsprojektes „Rekonfigurierbare Hinterachseinstellstation“. Den Projektpartnern danke ich für die gute Zusammenarbeit und hilfreichen Gedankenaustausch. Stellvertretend erwähnen möchte ich die Herren Christian Großmann, Peter Hentsch, Dirk Schneider, Armin Herrmann, Pascal Durant, Gerhard Heiduczek, Ian Müller-Gräff und insbesondere Herrn Dr. K.-W. Witte.

Die freundliche und sehr kollegiale Atmosphäre am WZL hat maßgeblich zum Gelingen der Arbeit beigetragen. Stellvertretend erwähnen möchte ich die Unterstützung sowie zahlreiche produktive Diskussionen mit Christian Janßen, Stefan Quinders sowie Denis Özdemir. Darüber hinaus möchte ich meinen langjährigen Freunden Benjamin Döbbeler, Dr. Alexander Guralnik und Dr. Ralf Schlosser für die gemeinsame Zeit am WZL danken.

Danken möchte ich auch meinen studentischen Mitarbeitern, die mich in Forschungs- und Industrieprojekten unterstützt und während meiner Zeit am WZL begleitet haben. Insbesondere gilt mein freundschaftlicher Dank hierbei Herrn Guido Hüttemann und Herrn Jan Kukulies für ihre Begeisterung sowie das herausragende Engagement oftmals auch bis spät in die Abendstunden oder an Wochenenden.

Mein größter Dank gilt meinen lieben Eltern, die mir während meiner gesamten Ausbildung Rückhalt gegeben haben und ein Vorbild sind. Auch während dieser Arbeit waren sie jederzeit für mich erreichbar und haben mir stets ihr uneingeschränktes Verständnis entgegen gebracht. Meinen Eltern, meinem Bruder Max Eilers, Chiara Brutti und meiner Freundin danke ich vor allem auch für die Durchsicht des Manuskriptes. Insbesondere meinem Bruder danke ich für den unvoreingenommen Blickwinkel sowie die pragmatischen Lösungsvorschläge. Zuletzt danke ich von ganzem Herzen meiner lieben Freundin Marina für Ihr Verständnis und die große Unterstützung in jeder Dissertationslage, ihre durchweg motivierende Einstellung und die Vorfreude auf die gemeinsame Zeit.

München, im Januar 2015 Jan Eilers

Inhaltsverzeichnis

Benennungen und Abkürzungen

Kurzzeichen	*Benennung*
AW	Antriebswelle
CRC	Class Responsibilities Collaborators
E	produzierte Einheit
E/A	Eingang/Ausgang
EHB	Elektrohängebahn
EoL	End of Line, dt.: Bandende
FTS	Fahrerloses Transportsystem
IBN	Inbetriebnahme
Inline Montagestation	Montagestation, die in das Transportband integriert ist
MA	Montagemitarbeiter/-innen (auch Werker genannt)
MEP	Montagesystementwicklungsprozess
MCL	Montagecluster
MST	Montagesystem
Offline Montagestation	Montagestation, die neben dem Transportband platziert ist
OOA	Objektorientierte Analyse
P	Prozess
PEP	Produktentstehungsprozess
P-A	vollautomatische Pressstation
P-HA	halbautomatische Pressstation
PM	Prozessmodul
PMM	Produkt-Montage-Morphologie
RePlaMo	BMBF Verbundprojekt „Wandlungsfähigkeit durch rekonfigurierbare Plattformkonzepte für die Montage“
SAB	Systemabschnitt
St	Montagestation
StM	Stationsmodul
TCO	Total Cost of Ownership
TP	Transportmodul
TW	Triebwelle
UML	Unified Modeling Language
Umtakten	Umverteilen von Arbeitsinhalten bspw. von einer Montagestation in eine andere Station
VA	Verantwortlichkeit
WT	Werkstückträger
ZM	Zuführmodul

Abbildungsverzeichnis

1 Einleitung

1.1 Ausgangssituation und Problemstellung

Der Gestaltung wandlungsfähiger Produktionssysteme kommt eine Schlüsselrolle bei der Reaktion auf die turbulente Marktlage und den daraus resultierenden produktionstechnischen Herausforderungen der letzten Jahre zu. Die gravierendsten Auswirkungen sind verkürzte Produktlebenszyklen, ein zunehmender Anstieg der Produktvarianz sowie schwer prognostizierbare Absatzzahlen. Die Montage ist als letzte Stufe im Produktentstehungsprozess besonders den gestiegenen Anforderungen durch die fortschreitende Globalisierung, den technologischen Fortschritt und die Veränderung der Ressourcenlage ausgesetzt. [BREC08, S. 1; BREC11, S. 133; MUEL09, S. 4; MUEL11a, S. 425]

Aus diesen Trends in der Montage stellt sich vor allem die Frage, wie Montagesysteme entwickelt werden können, die einen höheren Grad an Flexibilität und Wandlungsfähigkeit aufweisen. Diese beiden Eigenschaften gehören auch zu den zentralen Zielgrößen, an denen sich die Fabrikplanung aktuell orientiert [VDI11, S. 5]. Flexible Systeme stellen für einen zum Investitionszeitpunkt festgelegten Flexibilitätskorridor eine geeignete Lösung dar und sind somit nur dann zielführend, wenn eine zuverlässige Prognose der benötigten Produktionskapazität und der Produktvarianten möglich ist. Damit montierende Unternehmen in Zukunft wettbewerbsfähig sind, sind zunehmend wandlungsfähige Lösungen notwendig, mit denen über einen explizit festgelegten Flexibilitätskorridor hinaus reagiert werden kann. Das Ziel ist es, so eine Fehldimensionierung im Vorfeld zu vermeiden und Erweiterungs- bzw. Anpassungsinvestitionen erst zum Zeitpunkt der Wandlung zu tätigen. Daher werden in den letzten Jahren vermehrt wandlungsfähige Lösungen für Montagesysteme gefordert [KLUG09, S. 592; LANZ11, S. 358-359; MUEL09, S. 12; MUEL11a, S. 425]. Modular strukturierte Montagesysteme sind ein erster Ansatzpunkt zur Umsetzung der geforderten Eigenschaften. In den letzten Jahren zeigen Montagesystemhersteller unterschiedlicher Branchen hierzu Ansätze auf und stellen Baukastensysteme für Montagesysteme vor.

Obwohl diese grundsätzlich modularen Systeme einen ersten Ansatzpunkt bieten und bereits seit längerem auf dem Markt verfügbar sind, ist deren Anwendung noch nicht verbreitet [KLUG11, S. 2]. Eine effektive und wirtschaftliche Anpassung an Veränderungen ist in der industriellen Praxis kaum zu beobachten. Dies liegt daran, dass mögliche Änderungseinflüsse und mögliche Anpassungsmaßnahmen im Planungsprozess des Montagesystems nur unzureichend berücksichtigt werden. Diese Problematik wird dadurch verstärkt, dass die Planungsphase, in der grundlegende Eigenschaften wie die Prozessreihenfolge und das Layout festgelegt werden, und die Systementwurfsphase, in der Betriebsmittellösungen konstruktiv umgesetzt werden, oftmals strikt sequentiell erfolgen und nur unzureichend verknüpft sind.

1.2 Zielsetzung

Das Ziel dieser Arbeit ist es aufzuzeigen, wie Montagesysteme wandlungsfähig gestaltet werden können. Dafür sollen die Struktur von Montagesystemen, die Eigenschaften einzelner Systemelemente, die Auswirkungen von Wandlungstreibern sowie die Möglichkeiten zur Umsetzung von Anpassungen untersucht werden. Um die Ergebnisse auf ein möglichst allgemeingültiges Fundament zu stellen, sollen branchenübergreifend Montagesysteme unterschiedlicher Größenordnung betrachtet werden. Der in dieser Arbeit berücksichtigte Betrachtungsraum umfasst deshalb eine Spannweite von der Elektronik- bis zur Fahrzeugmodulmontage. Eine übergeordnete Zielsetzung dieser Arbeit ist die Erarbeitung einer Methodik zur Entwicklung wandlungsfähiger Montagesysteme. Ein anwendungsorientiertes Ziel, welches die Validierung der Methodik und die Praxistauglichkeit sicherstellen soll, ist die Umsetzung der Erkenntnisse in mehreren praktischen Beispielen. Zur Zusammenfassung wird aus der Zielstellung eine Forschungsfrage formuliert:

> Wie muss eine Methodik zur Entwicklung wandlungsfähiger Montagesysteme gestaltet sein?

1.3 Aufbau der Arbeit

Entsprechend der Wissenschaftssystematik nach Ulrich und Hill kann zwischen Formal- und Realwissenschaften unterschieden werden [ULRI76, S. 305]. In dieser Wissenschaftssystematik wird für die angewandten Realwissenschaften, denen die Produktionstechnik zuzuordnen ist, ein siebenstufiger Forschungsprozess empfohlen (Bild 1.1). Dieser beginnt mit der Analyse der Praxis, setzt sich fort in der analytisch induktiven Ableitung von Regeln und Modellen und endet in der Prüfung und Bewertung der hergeleiteten Theorie in der Praxis [ULRI84, S. 193]. Die Gültigkeit der Methodik wird anhand von Anwendungsbeispielen gezeigt.

Nach diesem einleitenden Kapitel werden in Kapitel 2 als Erstes die Aufgaben der Montage, die branchenübliche Prozesskette zur Entwicklung eines Montagesystems sowie der grundsätzliche Aufbau von Montagsystemen dargestellt. Im zweiten Teil des Grundlagenkapitels werden die Wandlungstreiber als Ursache für die Veränderung eines Montagesystems analysiert und die im Kontext der Wandlungsfähigkeit relevanten Begrifflichkeiten definiert. Abschließend werden aktuelle Herausforderungen der Montagetechnik dargestellt sowie der sich daraus ergebende praktische Handlungsbedarf dieser Arbeit abgeleitet.

In Kapitel 3 wird der für die Zielstellung relevante Stand der Technik analysiert und eine Auswahl nutzbarer Erkenntnisse getroffen. Zum einen werden Ansätze aus den Themengebieten der Modularisierung und der Objektorientierung dargestellt, die auf die Montagesystementwicklung übertragen werden sollen. Zum anderen werden bestehende Methoden zur Entwicklung von Montagesystemen untersucht.

Anhand des in Kapitel 2 identifizierten Praxisdefizites und den problemrelevanten Theorien aus Kapitel 3 werden in Kapitel 4 basierend auf der Forschungsfrage zunächst die Anforderungen an die zu entwickelnde Methodik präzisiert. Diese Anforderungen werden genutzt, um den Aufbau und die Vorgehensweise bei der Entwicklung der Methodik zielgerichtet abzuleiten.

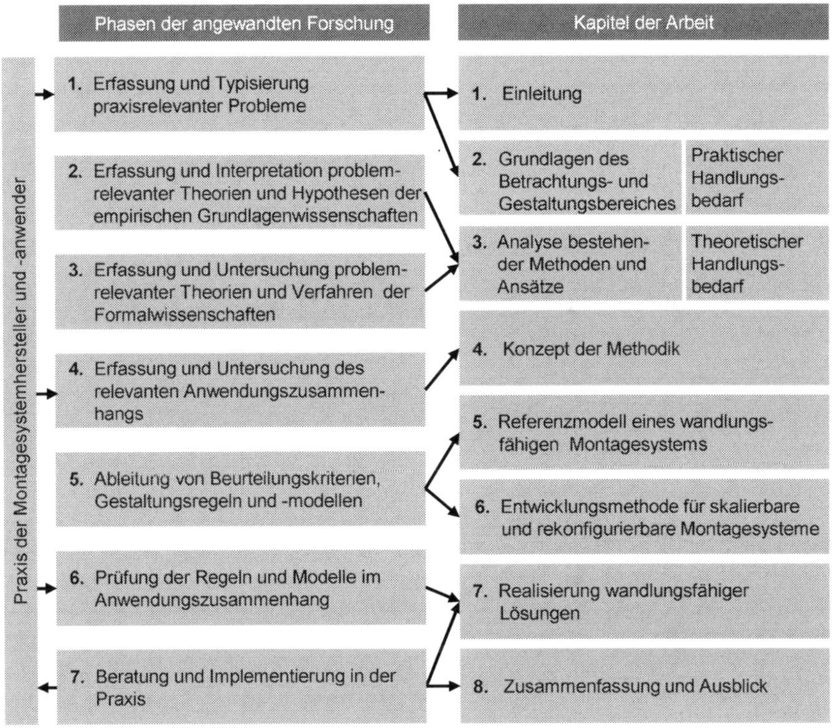

Bild 1.1: Forschungsprozess und Aufbau der Arbeit [ULRI84, S. 193]

Entlang des so erarbeiteten Konzepts der Methodik wird in Kapitel 5 ein Referenzmodell eines wandlungsfähigen Montagesystems dargestellt. Anhand dessen werden die notwendigen Eigenschaften und Möglichkeiten zur Umsetzung von Wandlungsprozessen untersucht, die in den einzelnen Systemelementen verankert werden können. Das Referenzmodell dient im Planungsprozess als Grundgerüst.

In Kapitel 6 wird eine Methode entworfen, welche das Modell in den Montagentwicklungsprozess eingliedert und eine Unterstützung im Entwicklungsprozess bietet. Dafür wird ein Ordnungsrahmen aufgestellt, anhand dessen die in dieser Arbeit entwickelten Methodenschritte und Werkzeuge eingeordnet und beschrieben werden.

Das in Kapitel 5 entwickelte Modell und die in Kapitel 6 abgeleitete Methode werden in Kapitel 7 an Anwendungsbeispielen überprüft. Dabei wird der Schwerpunkt auf die Darstellung praktisch umgesetzter wandlungsfähiger Lösungen gelegt.

In Kapitel 8 erfolgen die Zusammenfassung der Ergebnisse der Dissertation und ein Ausblick auf den sich daraus ergebenden Forschungsbedarf im Bereich der Montagesystemtechnik.

2 Grundlagen des Betrachtungs- und Gestaltungsbereiches

In diesem Kapitel wird das Verständnis für den Betrachtungs- und Gestaltungsbereich hergestellt. Dazu werden in Kapitel 2.1, ausgehend von einer Einordnung der Montage in den Produktentstehungsprozess, ein Überblick über die Aufgaben der Montage, den Entwicklungsprozess eines Montagesystems und derzeitig eingesetzte Montagesysteme gegeben. In Kapitel 2.2 wird dargestellt, welche Wandlungstreiber eine nachträgliche Anpassung des Montagesystems bedingen. Zudem werden die Begrifflichkeiten definiert, durch die ein wandlungsfähiges Montagesystem gekennzeichnet ist. Anhand einer Analyse derzeitiger Wandlungshemmnisse für den Betrachtungsraum dieser Arbeit wird in Kapitel 2.3 der praktische Handlungsbedarf abgeleitet.

2.1 Montagesystemtechnik

2.1.1 Einordnung der Montage in den Produktentstehungsprozess

Der Produktentstehungsprozess (PEP) kann in die drei Phasen der strategischen Produktplanung, der Produktentwicklung und der Entwicklung des Produktionssystems unterteilt werden [MICH06, S. 21]. Die Entwicklung eines Produktionssystems untergliedert sich wiederum in die Produktionsplanung und die System- bzw. Anlagenentwicklung. Dabei kann die Produktion in Fertigung und Montage unterteilt werden [EVER89, S. 1]. Das Ziel der Fertigung ist die Herstellung von Werkstücken mit definierten Abmessungen, Maßtoleranzen, Werkstoffen und Oberflächengüten [FRIT10, S. 1]. In der Fertigungstechnik wird zwischen den sechs Hauptgruppen Urformen, Umformen, Trennen, Fügen, Beschichten und Stoffeigenschaften ändern unterschieden [DIN03].

Der Fokus dieser Arbeit ist die industrielle Montage, die nach der VDI-Richtlinie 2815 den „Zusammenbau von Teilen und/oder Gruppen zu Erzeugnissen oder zu Gruppen höherer Erzeugnisebenen in der Produktion" zum Ziel hat [VDI78, S. 3]. Aufgabe der Montage ist es, aus Einzelteilen und Baugruppen ein funktionsfähiges Endprodukt herzustellen.

Die Montage ist am Ende der Wertschöpfungskette angesiedelt und übernimmt eine Schlüsselrolle für den Hochlohnstandort Deutschland [MUEL09, S. 3]. Die Bedeutung der Montage für produzierende Unternehmen kann anhand verschiedener Kennzahlen in Bezug zur Gesamtproduktion verdeutlicht werden, wie anhand von beispielhaften Analysen ermittelt worden ist. Der Wertschöpfungsanteil der Montage beträgt hierin durchschnittlich 70 %, während der Kostenanteil bis zu 44 % ausmachen kann. Abhängig vom Produkttyp liegt die Montagezeit bei 15 bis 70 % der Gesamtproduktionszeit. In den für diese Arbeit relevanten Branchen der Automobil- und Elektronikkomponentenmontage sind es zwischen 30 und 50% sowie zwischen 40 und 70%. [MUEL09, S. 4; LOTT06b, S. 3]

Die Bedeutung der Montage für einen Hochlohnstandort liegt auch darin begründet, dass eine Vollautomatisierung aus technischen und wirtschaftlichen Gründen oftmals operativ nicht sinnvoll und technisch nicht realisierbar ist. Darüber hinaus erfordern komplexe teil- und vollautomatisierte Montagesysteme hochqualifizierte Mitarbeiterinnen und Mitarbeiter, die im Folgenden als Mitarbeiter bezeichnet werden, zur Durchführung von Montagevorgängen, zur Maschinenbedienung und zur Instandhaltung. Auch stellt die Produktion von Montagesystemen selbst einen wichtigen Markt dar [DRUN11]. Zukunftsweisend sind neben dem deutschen Markt auch die europäischen, die amerikanischen sowie asiatischen Märkte [DRUN11; HART11, S. 2].

2.1.2 Aufgaben der Montage

Die Prozesse der Montage umfassen, entgegen dem weitläufigen Sprachgebrauch, mehr als Fügevorgänge, welche den Zusammenhalt von Einzelteilen oder Baugruppen sicherstellen. Zur Beschreibung von Montageprozessen und umfangreichen Prozessketten existiert eine Vielzahl an Vorarbeiten. Die prinzipielle Vorgehensweise sowie Definitionen zur funktionalen Beschreibung von Montageprozessen können u.a. Bullinger, Hesse, Jonas, Lotter, Löhr, Spur und Westkämper entnommen werden [BULL86, S. 275; HESS06, S. 226, JONA00, S. 6-7; LOTT06b, S. 2; LOEH77, S. 49ff.; SPUR86, S. 592; WEST06a, S. 211]. Alle Forschungsarbeiten, in denen Montageaufgaben definiert und kategorisiert werden, können in weiten Teilen auf die VDI-Richtlinie 2860 „Montage und Handhabungstechnik“ und die Norm DIN 8593-0 „Fertigungsverfahren Fügen“ zurückgeführt werden [DIN03; VDI90].

In Anlehnung an diese Definitionen zur Beschreibung von Montageprozessen definiert Müller die Basisaufgaben der Montage [MUEL11a, S. 428; MUEL11c, S. 2; MUEL12, S. 252]. Die Basisaufgaben der Montage sind unterteilt in die Rubriken Handhaben, Fügen, Inbetriebnahme, Hilfsprozesse und Sonderprozesse (Bild 2.1). Diese Prozessgliederung ist am Lehrstuhl für Montagetechnik unter Mitarbeit des Autors eingeführt worden und wird in dieser Arbeit zur Beschreibung von Montageprozessen verwendet.

Die Rubrik Handhaben umfasst die Montageaufgaben Zuführen, Transportieren und Sichern. Zuführen beschreibt die Bauteilbewegung von der Materialbereitstellung zum eigentlichen Prozess. Die Bewegung der Bauteile von einem Montageort zum nächsten (bspw. zwischen Montagestationen) wird als Transport bezeichnet. Zuführen und Transportieren sind eine Spezifizierung der Handhabungsfunktion Bewegen. Sichern beschreibt das Erzeugen einer definierten räumlichen Anordnung durch Halten oder Spannen [VDI90, S. 6].

Die Fügeprozesse werden an die Norm DIN 8593-0 angelehnt. In dieser Rubrik werden zukünftig verstärkt alternative Fügeverfahren u.a. im Kontext neuer Materialen wie Faserverbundwerkstoffe zu berücksichtigen sein [MUEL09, S. 10].

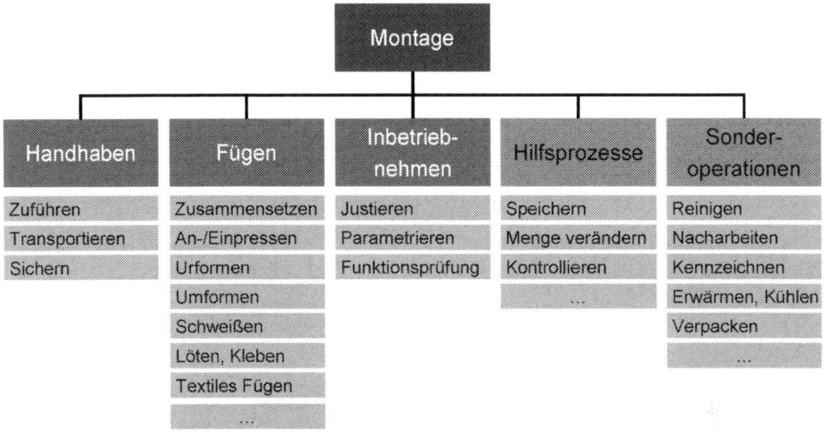

Bild 2.1: Basisaufgaben der Montage [MUEL11c, S. 2]

Zu montierende Baugruppen und Produkte weisen zunehmend mechatronische Funktionalitäten auf [PONN08, S. 273]. Dies wirkt sich auf die eingesetzten Montageprozesse aus. Konventionelle Montagevorgänge (Handhaben und Fügen) werden somit durch Prüf-, Justage- und softwaretechnische Parametriervorgänge ergänzt. Dieser Trend wird auch als „Funktionenverschiebung“ bezeichnet [MUEL09, S. 10]. Um dieser technologischen Entwicklung gerecht zu werden, führt Müller in den Basisaufgaben der Montage die Kategorie Inbetriebnehmen (IBN) ein. Die Inbetriebnahme ist den eigentlichen Fügeprozessen nachgelagert und umfasst alle Prozessumfänge, die die zusammengesetzte Baugruppe oder das Produkt hinsichtlich zu erfüllender Eigenschaften und Funktionen in einen betriebsfähigen Zustand versetzen. Inbetriebnahmeprozesse umfassen Justagevorgänge, Funktionsprüfungen sowie softwaretechnische Parametriervorgänge. Justagevorgänge können entsprechend der Definition nach Spur spezifiziert werden [SPUR86, S. 592]. Parametriervorgänge charakterisieren die softwaretechnische Inbetriebnahme bspw. von Steuergeräten in der Automobilendmontage. IBN-Umfänge sind oftmals im sogenannten Bandendebereich (End-of-line, EoL) angesiedelt. Ein Trend in der Montagetechnik ist es, IBN-Prozesse in die Montagelinie vorzuverlagern, um fehlerhafte Montageprozesse frühzeitiger identifizieren zu können.

Alle weiteren Prozessumfänge der Montage werden in Hilfs- und Sonderprozesse unterteilt. Hilfsprozesse sind für den Montagevorgang erforderliche Prozesse, die keine Wertschöpfung beinhalten. Kontrollvorgänge (Anwesenheits- und Typ-/Variantenkontrollen), die nicht der Funktionsprüfung des Produktes dienen, werden als Hilfprozesse eingestuft. Darunter fallen bspw. Anwesenheitskontrollen. In hochtaktenden Montageautomaten werden nicht selten einzelne Stationen nur zum Zweck der Anwesenheitskontrolle und zur Erhöhung der Prozesssicherheit eingesetzt. Die Kategorie der Sonderoperationen umfasst wertschöpfende Montageprozesse, die nicht den anderen Kategorien zugeordnet werden können.

2.1.3 Entwicklung von Montagesystemen

Montageaufgaben werden in Montagesystemen umgesetzt, deren Entwicklung sich am zu montierenden Produkt orientiert (Bild 2.2). Ausgehend vom Produkt, das sich aus einzelnen Bauteilen, Baugruppen oder Modulen zusammensetzt, kann implizit der Prozess abgeleitet werden, für dessen Durchführung das Montagesystem verantwortlich ist [SPUR86, S. 593]. Das Montagesystem gliedert sich dabei entsprechend der modularen Struktur des Produktes in mehrere Stufen. Soweit sich vormontagefähige Module abgrenzen lassen, können diese in Vormontagen ausgelagert werden. Daraus lässt sich erkennen, dass eine modulare Produktstruktur eine Voraussetzung für eine modulare Strukturierung des Montagesystems ist. Die Montagesystementwicklung vom Produkt über den Montageprozess zum Betriebsmittel ist eine Vorgehensweise, die iterative Rückkopplungen zulässt und nicht strikt unidirektional verläuft. Für die Erzielung eines Gesamtoptimums sind bei der Montagesystementwicklung Iterationsschleifen vorzusehen, die Rückkopplungen zur Produkt- und Prozessentwicklung bilden. Die Iterationsschleife zur Produktentwicklung ist ein Teil der montagegerechten Konstruktion.

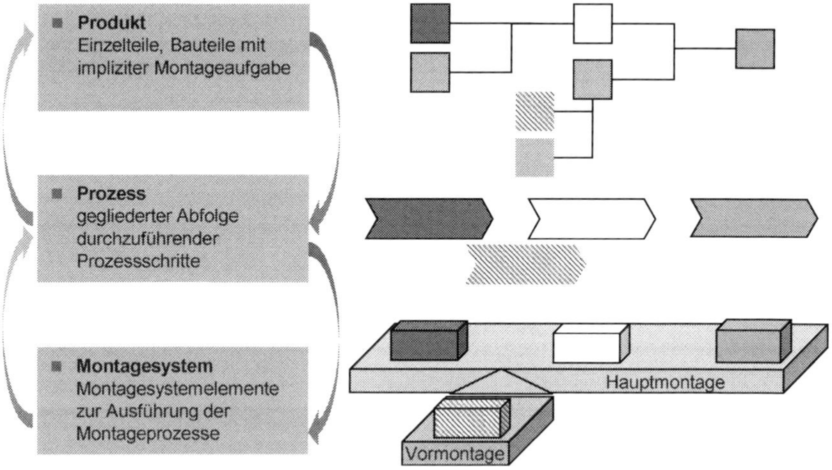

Bild 2.2: Montagesystemgestaltung (angelehnt an [MUEL11a, S. 427])

Der in Bild 2.2 dargestellte Zusammenhang wird von verschiedenen Autoren im Kontext der Montageplanung und -systementwicklung diskutiert. Hesse erweitert die Betrachtung, indem er zwischen den Wechselwirkungen der Produktstruktur, der Fügetechnik und der Bauteilgestalt mit dem Montagesystem differenziert. Aus dieser Betrachtung können Änderungsvorschläge für das Produkt und das Montagesystem erarbeitet werden [HESS94, S. 14]. Auch Weyand und Frei diskutieren anhand dieses Zusammenhangs die Auswirkung von produktseitigen Änderungen auf die Prozess- und Betriebsmittelentwicklung [FREI10, S. 54; WEYA10, S. 30ff.]. Frei erweitert die Betrachtung, indem sie für die Entwicklung adaptierbarer Montagesysteme den

Zusammenhang zwischen Produktklassen, zugehörigen Prozessklassen und dafür notwendigen adaptierbaren Montagesystemen herstellt [FREI10, S. 54-55].

Die am Montagesystementstehungsprozess (MEP) beteiligten Unternehmen können in Montagesystemanwender und -hersteller eingeteilt werden, wie es auch in der Literatur verbreitet ist [ROES03, S. 79; NOFE05, S. 75]. Die zunehmende Komplexität in der Montage hat dazu geführt, dass die Detailplanung und der Montagesystementwurf meist bei spezialisierten Montagesystemherstellern durchgeführt werden. Auch Müller et al. verweisen im Kontext der Montage auf die Herausforderung durch die steigende Komplexität der Montagesystemlösungen, die zu einer Hersteller-Anwender-Konstellation im Montagesystementwicklungsprozess geführt hat [MUEL09, S. 7-10]. Innerhalb dieser Hersteller-Anwender-Konstellation sind drei Akteure beteiligt, auf der Anwenderseite die Planung sowie der Betreiber und der Montagesystemhersteller (Bild 2.3).

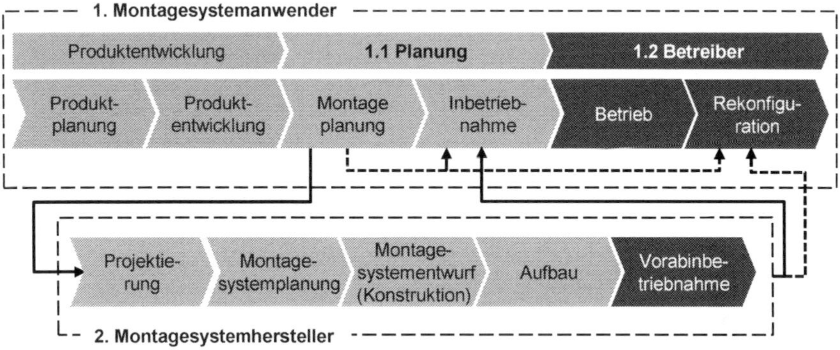

Bild 2.3: Montagesystementstehungsprozess (MEP)

Anhand der Anforderungen aus der Produktentwicklung wird anwenderseitig die Montageplanung vorgenommen. Diese wird an den Montagesystemhersteller übergeben, der zunächst auf Basis einer Spezifikation die Projektierung und Angebotserstellung durchführt. Nach der Auftragsvergabe wird beim Systemhersteller die Montagesystemplanung und der Systementwurf bzw. die Konstruktion fortgeführt. Nach der Inbetriebnahmephase, die auf Anwenderseite meist noch von der Planung verantwortet wird, wird das Montagesystem an den Betreiber übergeben. Aus diesem branchenüblichen Montageentstehungsprozess entsteht eine Trennung zwischen der Montageplanung, die beim Montagesystemanwender stattfindet, und dem Montagesystementwurf bzw. der Konstruktion des Montagesystems, die beim Montagesystemhersteller durchgeführt wird. Ausnahmen von diesem gängigen MEP ergeben sich bspw. bei Unternehmen, die einen internen Betriebsmittelbau für die Montagesystementwicklung haben. In diesen Firmen kann der Produkt- und Anlagenentstehungsprozess einfacher optimiert werden. Um die Effizienz des MEP zu steigern, sind ein frühzeitiges Simultaneous- bzw. Concurrent-Engineering erforderlich

[MUEL09, S. 8]. Diese Maßnahmen sind unter Berücksichtigung des MEP unternehmensübergreifend anzusetzen.

2.1.4 Aufbau modularer Montagesysteme

Ein Montagesystem besteht aus einer oder mehreren Montagestationen. Eine modulare Montagestation kann, wie in Bild 2.4 dargestellt, in ein Basis-, ein Transportmodul und ein Zuführmodul sowie die eigentlichen Prozessmodule untergliedert werden. Die Funktionalitäten dieser Strukturelemente werden im Folgenden angelehnt an Müller und an Rößner beschrieben [MUEL11a, S. 428-430; ROES04, S. 128ff.]. Das Basismodul setzt sich aus einem Grundgestell, dem Peripheriemodul und der Umhausung zusammen. Das Grundgestell ist eine mechanische Tragstruktur, die meist durch eine Schweißkonstruktion oder durch geschraubte Aluminiumprofile realisiert wird. Das Peripheriemodul stellt die Steuerung, die Energie- und die Medienversorgung bereit. In Montagesystemen für kleine Produkte wie Elektronikkomponenten werden aufgrund der geringen Abmessungen einzelner Prozessmodule oftmals mehrere Stationen in einer physisch zusammenhängenden Montagezelle zusammengefasst. Eine Montagezelle bietet ein Basismodul mit Peripherieanschlüssen für mehrere Stationen. Bei Systemen für größere Produkte, wie sie bspw. in der Fahrzeugmodulmontage für Achsen, Motoren und Getriebe eingesetzt werden, ist dies aufgrund der Stationsabmessungen nicht üblich.

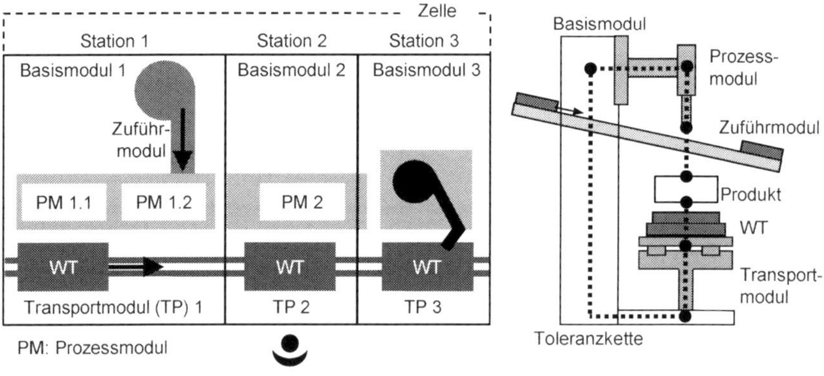

Bild 2.4: Prinzipbild eines Montagesystems

In den Prozessmodulen werden die eigentlichen Montagevorgänge, d.h. die Füge-, Handhabungs-, IBN-, Sonder- und Hilfsprozesse, umgesetzt. Sie stellen die Kernelemente des Montagesystems dar (Bild 2.5). Eine wesentliche Herausforderung bei der Gestaltung einer modularen Systemarchitektur sind die große Anzahl zu berücksichtigender Schnittstellen zur Anbindung der Prozessmodule. Neben digitalen Sensoren wie Endlage- und Indexsensoren und elektrischen Antrieben mit oder ohne integrierter Steuerung sind zusätzlich oftmals Pneumatikanschlüsse und gelegentlich hydraulische Anschlüsse vorzusehen.

Der Bauteil- oder Werkstückträgertransport zwischen den Prozessen erfolgt mithilfe des Transportmoduls. Durch die Stationsverkettung können verschiedene Anordnungen und Layouts realisiert werden. Das Transportmodul ist eng mit dem Werkstückträger verknüpft und kann stationsweise angesehen werden, als Möglichkeit das Bauteil von Prozess zu Prozess zu führen. Normalerweise versucht man das Transportsystem zumindest nicht innerhalb von Bandabschnitten zu wechseln. Der Produkttransport erfolgt meist mithilfe eines Werkstückträgers, der die Schnittstelle zwischen dem Transportmodul und dem Produkt ist. Die sich daraus ergebene Toleranzkette ist so zu gestalten, dass zwischen dem Prozessmodul und dem Produkt eine ausreichend genaue Toleranzbeziehung sichergestellt werden kann. Die Realisierung der Transportaufgabe als technisch entkoppelter Prozess erleichtert die Durchführung von Systemänderungen, insbesondere bei Layoutänderungen [ROES04, S. 129].

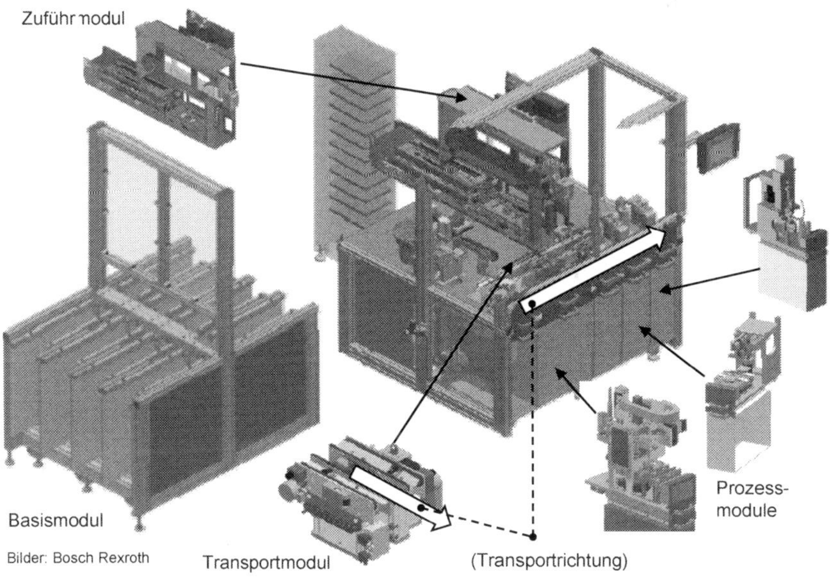

Bild 2.5: Modulares Montagesystem der Fa. Bosch Rexroth

In Zuführmodulen erfolgt die Handhabung von Einzelteilen von der Materialbereitstellung bis zum Prozessmodul, das den eigentlichen Montagevorgang durchführt. Dabei werden die Teilprozessschritte Ordnen, Vereinzeln und Positionieren realisiert. Systeme zum Ordnen und zur Vereinzelung werden meist vorgelagert ausgeführt. Automatisierte Zuführeinheiten können u.a. mithilfe eines Schwingförderers, Palettierers oder Roboters realisiert werden. Darüber hinaus werden in einem Montagesystem Zusatzeinrichtungen eingesetzt, dies sind beispielsweise Bedienungs- oder Sicherheitseinrichtungen. Die Prozess-, Zuführ- und Transportmodule können manuell, teilautomatisiert oder automatisiert realisiert bzw. bei einem modularen Aufbau substituiert werden.

Grundsätzlich ist zwischen einem Inline- und einem Offline-Stationskonzept zu unterscheiden. Bei einer Inline Station durchläuft das Transportband die Station, wie in Bild 2.4 dargestellt. Hier wird das Produkt oder der Werkstückträger (WT) lediglich vom Transportsystem ausgehoben und indexiert, sodass der Montagevorgang auf dem Transportsystem stattfindet. Eine Offline-Station hingegen ist im Nebenschluss neben dem Transportsystem angeordnet. Das Produkt oder der Werkstückträger mit dem Produkt werden bei einer Offline-Station vom Transportsystem ausgehoben und in die Station eingefördert. Unabhängig vom Stationskonzept ist abzuwägen, ob entweder eine Indexierung des Produktes oder des Werkstückträgers vorgenommen werden soll. Für viele Transportsysteme sind Indexierbaugruppen erhältlich, mit denen der Werkstückträger im Bezug zum Prozessmodul ausgerichtet werden kann. Üblicherweise werden hierfür Indexierstifte verwendet, die in die Unterseite des Werkstückträgers eingreifen.

Die dargestellten Strukturelemente eines modularen Montagesystems finden sich in allen Größenordnungen der Montage wieder. Obwohl der grundsätzliche Aufbau der Montagesysteme gleich ist, werden branchenspezifisch stellenweise unterschiedliche Begrifflichkeiten genutzt. Um die prinzipiell aufgezeigten Zusammenhänge zu verdeutlichen, werden im Folgenden Beispiele für die Elektronikkomponentenmontage und die Aggregatemontage vorgestellt.

Bild 2.6 zeigt die Architektur eines Längstransferautomaten für die Montage von Elektronikkomponenten.

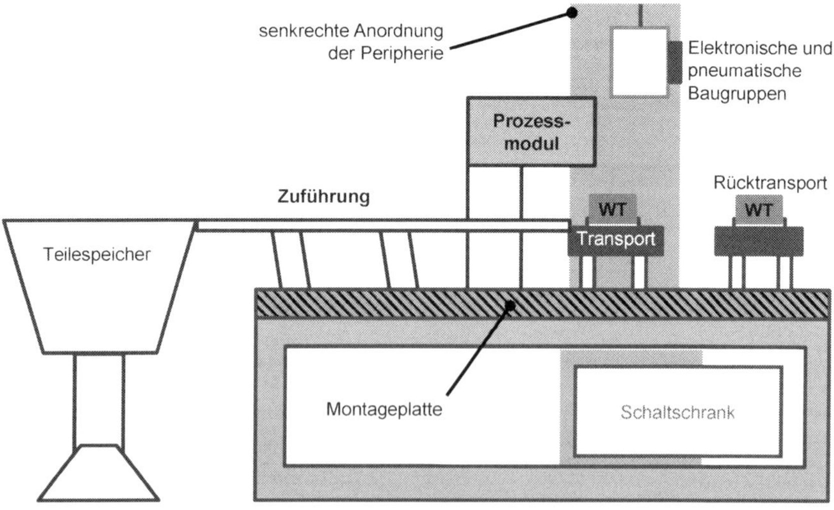

Bild 2.6: Längstransferautomat in Schnittansicht [POSS10, S. 359]

Das Untergestell der Montagestation trägt eine durchgehende Montageplatte, auf der die Prozessmodule und das Transportmodul angeordnet sind. Die getrennte Umsetzung des Zuführ-, des Transport- und des Prozessmoduls ist in der Schnittdarstellung gut ersichtlich. Der Schaltschrank befindet sich im Untergestell der Montagezelle.

Die Vielfalt verschiedener automatisierter Anlagenkonzepte bei der Montage von Elektronikkomponenten wird auch anhand einer Gegenüberstellung derzeit häufig eingesetzter Transportsysteme deutlich (Bild 2.7).

Bilder: Phoenix Contact

Bild 2.7: Transportsysteme in Montagesystemen für Elektronikkomponenten

Größere Montagesysteme für Fahrzeugmodule, bspw. Achsen, Getriebe und Motoren, sind prinzipiell ähnlich aufgebaut. In Bild 2.8 ist ein Abschnitt eines modularen Montagesystems für die Motormontage dargestellt. Grundsätzlich sind Montagesysteme für Fahrzeugmodule ähnlich wie in diesem Beispiel aufgebaut. Sie setzen sich aus weitestgehend autarken Stationen zusammen, die mit einem aufgeständerten Transportsystem untereinander verkettet werden. Neben der hier dargestellten Friktionsrollenbahn sind Elektrohängebahnen und fahrerlose Transportsysteme bei Montagesystemen dieser Größenordnung durchaus üblich.

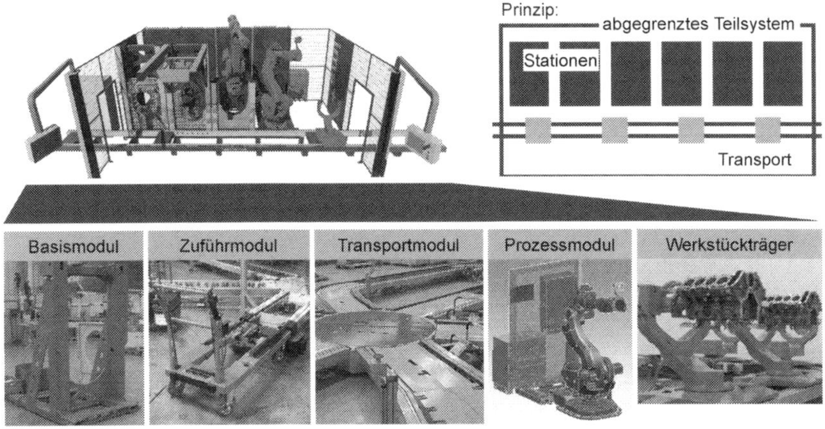

Bilder: ThyssenKrupp System Engineering GmbH

Bild 2.8: Modulares Montagesystem (angelehnt an [MUEL11a, S. 429])

Bild 2.9 zeigt gängige Stationstypen, die in der Fahrzeugmodulmontage eingesetzt werden. Es kann zwischen manuellen, halbautomatischen und vollautomatischen Stationen unterschieden werden. Manuelle Stationen (sog. Handarbeitsplätze) werden bspw. zum Bestücken von Werkstückträgern oder für Fügevorgänge eingesetzt. Qualitätsrelevante Prozesse wie Verschraubungen, Messvorgänge oder Dichtmittelaufträge werden meist teil- oder vollautomatisch realisiert (sog. Teil- oder Vollautomaten). Die Tragstruktur der Grundgestelle ist so konstruiert, dass alle Prozessmodule zum Produkt zugestellt werden können. Die Positionierung der einzelnen Prozessmodule erschließt sich aus der Lage des Produkts in der Station und den zur Durchführung des Prozesses erforderlichen Montagerichtungen.

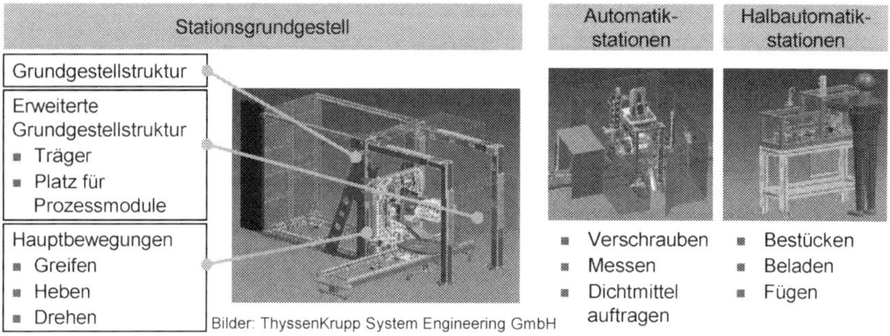

Bild 2.9: Stationen einer Fahrzeugmodulmontage [HART11, S. 6]

Der strukturelle Aufbau und die Funktionsweise eines Montagesystems werden durch die Organisationsform sowie die Anordnung der einzelnen Stationen bestimmt. Prinzipien zur Arbeitsorganisation stellen u.a. die Autoren Bullinger, Eversheim und Richter vor [BULL86, S. 161ff.; EVER89, S. 175ff.; PETE05, S. 52ff.; RICH06, S. 101ff.]. Eversheim definiert fünf Organisationsformen, von denen für den Betrachtungsfokus dieser Arbeit vorrangig die Reihen-, die Taktstraßen- und die Fließmontage relevant sind (Bild 2.10).

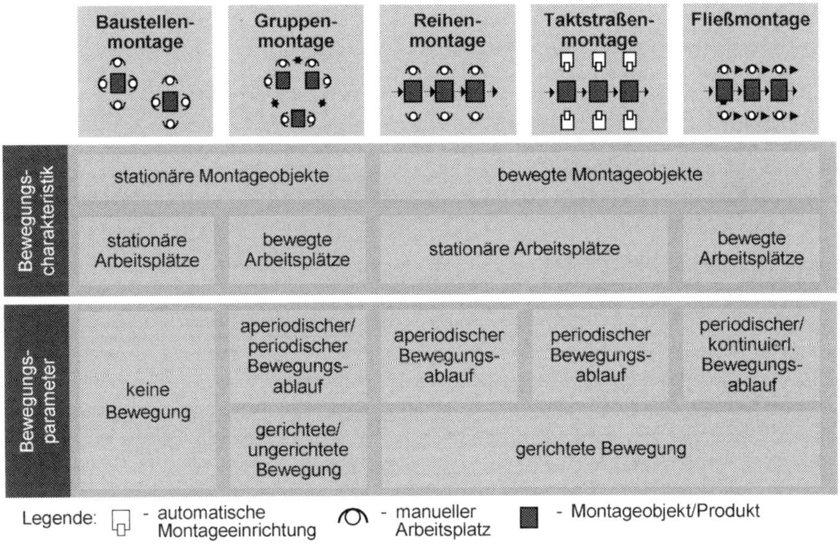

Bild 2.10: Organisationformen in der Montage [EVER89, S. 176]

Möglichkeiten zur Anordnung und Verkettung werden bspw. von Bullinger, Eversheim, Konold und Reger, Petersen, Richter sowie Spur diskutiert [BULL86, S. 166ff.; EVER89, S. 128ff.; KONO03, S. 48ff.; RICH06, S. 101 ff.; SPUR86, S. 684]. Aus der Vielzahl von Begriffsdefinitionen für ähnliche Anordnungsprinzipien sind in Bild 2.11 die von Spur getroffenen Definitionen dargestellt (Bild 2.11).

Bild 2.11: Räumliche Anordnung eines Montagesystems [SPUR86, S. 684]

Die Bezeichnungen variieren in der industriellen Praxis, sind aber meist auf die dargestellten Grundformen zurückzuführen. Anhand der Organisation und Anordnung können bereits erste Tendenzen hinsichtlich der Stückzahl- und Variantenflexibilität abgeleitet werden, wie Vielhaber aufzeigt [VIEL04, S. 31-35].

In dieser Arbeit wird ein breites Spektrum der Montage von der Elektronikkomponenten- bis zur Fahrzeugmodulmontage betrachtet. Ausgehend von den in diesem Kapitel dargestellten Montagesystemen werden die Charakteristika der in diesen beiden Branchen eingesetzten Montagesysteme in Bild 2.12 zusammengefasst.

Elektronikkomponentenmontage

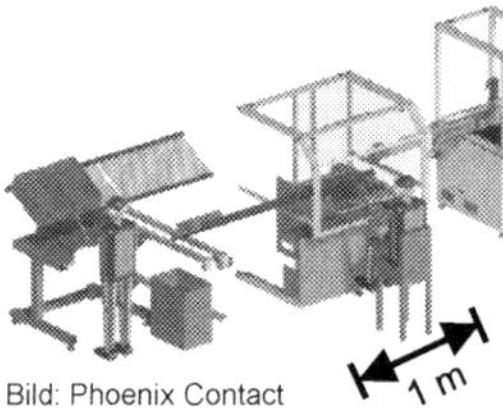

Bild: Phoenix Contact

- Produktbeispiele: Leiterklemmen, Schütze, Industrieelektronik ...
- Produktdimension:
  - bis ~0,5 kg
  - Werkstückträger < 200*200 mm
- übliche Taktzeiten: 0,5 - 10s
- Montagesysteme:
  - Handarbeitsplätze und Zellen mit teil- und vollautomatisierten Prozessstationen
  - Teil- und Vollautomatisierung
  - Verkettung mit Längs- und Rundtransfersystemen

Fahrzeugmodulmontage
(des Antriebsstrangs)

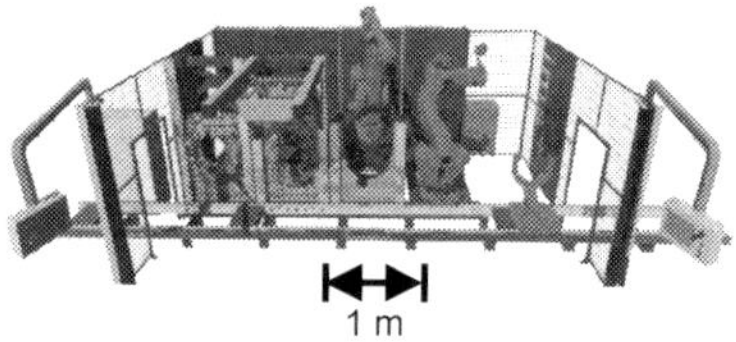

Bild: ThyssenKrupp System Engineering GmbH

- Produktbeispiele: Aggregate für Pkw-Antriebsränge (Achsen, Getriebe, Motoren ...)
- Produktdimension:
  - bis ~500kg
  - Werkstückträger < 1*2 m
- übliche Taktzeiten: 30 - 120s
- Montagesysteme:
  - Handarbeits-, Halbautomatik- und Vollautomatikstationen
  - Teilautomatisierung (Automatisieurngsgrad < 60%)
  - häufig manuelle Teilebereitstellung/ Zuführung
  - Verkettung der Stationen mit Längstransfersystemen (Rollenbahn, EHB, FTS)

Bild 2.12: Betrachtungs- und Branchenfokus der Arbeit

2.2 Begrifflichkeiten des Betrachtungsbereiches

2.2.1 Wandlungstreiber in der Montage

Die fortschreitende Globalisierung, die technologische Veränderung und die veränderte Ressourcenlage werden als die drei Haupttrends in der Montage gesehen [MUEL09, S. 4]. Gerade die Auswirkungen der Globalisierung, steigender Kostendruck, zunehmende Individualisierung, schwankende Stückzahlen, Beschleunigung des Wettbewerbs und verkürzte Lebenszyklen, führen dazu, dass flexible und wandlungsfähige Systeme eine zentrale Zielstellung sind [MUEL09, S. 5; BREC11, S. 133]. Kluge, der insgesamt 206 Veröffentlichungen hinsichtlich der Herausforderungen an die Montage analysiert, kommt zu einem ähnlichen Ergebnis [KLUG11, S. 4]. Um eine zukünftige Anpassung des Montagesystems und eine Überdimensionierung bei der Erstinstallation zu vermeiden, sind die Wandlungstreiber bei der Entwicklung mit zu berücksichtigen, die sich auf die Montagesystemstruktur auswirken.

Aus Sicht montierender Unternehmen kann zwischen externen und internen Wandlungstreibern unterschieden werden [ELMA09, S. 8-10; ENDE03, S. 282; HEGE07, S. 18-20; KIRC03, S. 254-255; KOCH11, S. 34-36; LANZ12, S. 201-202; NOFE06, S. 1; NOFE06, S. 66; WEST09, S. 9-12]. Externe Wandlungstreiber resultieren primär aus Marktveränderungen, die bspw. von der Kundennachfrage ausgehen können. Interne Wandlungstreiber sind unternehmensinterne Ursachen für Wandlung und umfassen Qualitäts- und Effizienzbestrebungen oder strategische Ziele wie langfristige Entwicklungsziele, die keinen direkten Zusammenhang zu äußeren Einflüssen haben müssen.

Die aus den zuvor angeführten Quellen und durch Expertenbefragungen (unter anderem im BMBF Verbundprojekt RePlaMo) identifizierten Wandlungstreiber montierender Unternehmen sind in Bild 2.13 zusammengefasst. In der Übersicht wird zwischen Wandlungstreibern in den Kategorien Markt, technologische Entwicklung sowie weiteren externen Einflüssen unterschieden. Daraus ergeben sich drei Kategorien direkter Wandlungstreiber, die einen unmittelbaren Einfluss auf ein Montagesystem haben:

1. Produktveränderung
2. Stückzahlveränderung
3. Montagetechnologieveränderung

Der Wandlungstreiber Produktveränderung umfasst Änderungen der Produktstruktur und von Produktmerkmalen, die eine Auswirkung auf die Prozess- und Anlagengestaltung haben [MUEL11a, S. 432-433; MUEL11b, S. 601]. Ursachen hierfür können Produktüberarbeitungen oder die Einführung neuer Produktvarianten sein. Es kann zwischen geringfügigen und gravierenden produktseitigen Änderungen unterschieden werden. Geringfügige Änderung können bspw. minimale Änderungen der Spann- und Greifpunkte sein, die lediglich Auswirkungen auf die Produktadapter in der Montageanlage haben. Auf diese Wandlungstreiber kann durch eine Anpassung von einzelnen Systemelementen reagiert werden, ohne dass die Systemstruktur maßgeblich beeinflusst wird. Produktveränderungen können zum anderen auch gravierende Anpassungen erforderlich machen. Zusätzliche Produktfunktionalitäten und Bauteile können beispielsweise die Integration von weiteren Prozessschritten erforderlich machen. Weitere gewöhnlich aufwändige Auswirkungen ergeben sich bspw. durch eine Änderung der Werkstückträgeraufnahmepunkte.

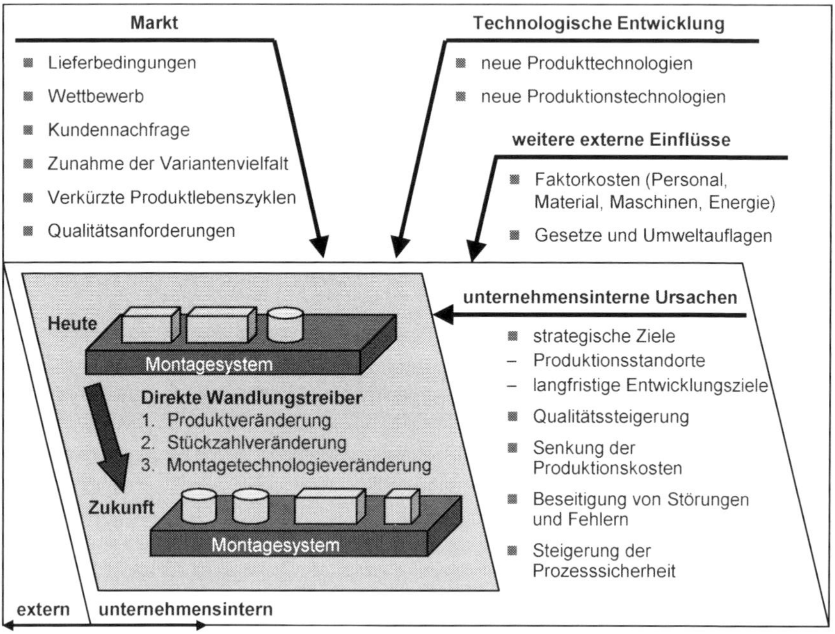

Bild 2.13: Wandlungstreiber in der Montage

Eine Anpassung der Produktionskapazität aufgrund einer Stückzahlveränderung kann einen maßgeblichen Einfluss auf die Struktur eines Montagesystems, die Anpassungen der Anordnung, der Organisation, des Transportsystems sowie des Automatisierungsgrades erforderlich machen. Eine Änderung der Taktzeit wirkt sich nahezu auf alle Gestaltungsfelder der Montagesystementwicklung aus.

Unabhängig von einer Produkt- oder Stückzahlveränderung kann die Änderung einer Montagetechnologie erforderlich sein. Ursächlich hierfür können Maßnahmen zur Qualitätssteigerung sein [MUEL11b, S. 601]. Weitere Ursachen für die Substitution einer Montagetechnologie können darüber hinaus gesetzliche Vorgaben, Lohnkostenentwicklungen oder Richtlinien zur Ressourceneinsparung sein.

2.2.2 Wandlungsfähigkeit

Bei der Veränderungsfähigkeit eines Produktionssystems kann zunächst grundlegend zwischen Flexibilität und Wandlungsfähigkeit unterschieden werden [WIEN09, S. 131, WULF08, S. 338]. Aus derzeitigen Arbeiten der Produktionsforschung kann zusammenfassend festgehalten werden, dass es zwar ein übergreifendes Grundverständnis für die Begrifflichkeiten gibt, trotzdem existiert eine Vielzahl unterschiedlicher Definitionen, die sich überschneiden und teilweise sogar widersprüchlich sind [HEGE07, S. 22; KOCH11, S. 33]. Daher werden im Folgenden die für diese Arbeit relevanten Begrifflichkeiten im Kontext der Wandlungsfähigkeit definiert.

Flexibilität wird als Eigenschaft eines Produktionssystems verstanden, die es ermöglicht, sich mit nur geringem Aufwand an Veränderungen anzupassen [HEIN08, S.24]. Die bei einem flexiblen System erreichbaren Systemzustände werden zum Zeitpunkt der Investition definiert, wodurch ein sogenannter Flexibilitätskorridor festgelegt wird. Dieser kann zum Beispiel durch eine bestimmte Produktvarianz festgelegt sein, die zum Zeitpunkt der Investitionsentscheidung bereits berücksichtigt wird. Mit einem flexiblen Montagesystem können so bspw. verschiedene Produktvarianten ohne Umrüsten oder Umtakten montiert werden. Darüber hinaus können bspw. auch Entkopplungen zwischen Arbeitsplätzen vorgesehen werden, durch die variantenbedingte Montagezeitunterschiede abgefedert werden. Der Flexibilitätsbegriff wird für die Montage in verschiedenen Arbeiten ausführlich diskutiert [WIEN09, S. 115-120; WITT03, S. 23-28; ROSC07, S. 24-44; SPUR86, S. 689].

Um mit Produktionssystemen und insbesondere mit Montagesystemen auf neue Herausforderungen über einen vorgehaltenen Flexibilitätskorridor hinaus reagieren zu können, ist die Gestaltung wandlungsfähiger Lösungen notwendig [NOFE06, S. 5; NYHU09, S. 207; REIN08; WITT05, S. 227; SPAT08a, S. 675]. **Wandlungsfähigkeit** soll die Reaktion auf Veränderungen außerhalb des starr begrenzten „Flexibilitätskorridors" ermöglichen (Bild 2.14).

Nach Müller et al. kann ein wandlungsfähiges Montagesystem mit geringem Aufwand an Veränderungen angepasst werden. Ausschlaggebend dabei ist, dass der Großteil an Erweiterungs- oder Anpassungsinvestitionen erst zum Ausbauzeitpunkt getätigt wird [MUEL11a, S. 426-427]. Eine Überdimensionierung im Vorfeld des Montagesystemlebenszyklus soll so vermieden werden. Dies zielt implizit darauf ab, dass ein Großteil des bestehenden Montagesystems weiter genutzt werden kann [HEIN08, S. 24]. Eine weitere Eigenschaft eines wandlungsfähigen Montagesystems ist, dass der Montagesystemlebenszyklus vom Lebenszyklus der zu montierenden Produkte entkoppelt und so die Einsatzdauer verlängert wird. Weitere Sichtweisen und Definitionen zur Wandlungsfähigkeit können Heger, Heinen, Möller, Nyhuis, Schuh, Spath und Wiendahl entnommen werden [HEGE07, S. 58; HEIN11, S. 17ff.; MOEL08, S. 15; NYHU11, S. 53; SCHU04, S. 100; SPAT08b, S. 11ff.; WIEN02, S. 127; WIEN05, S. 13ff.].

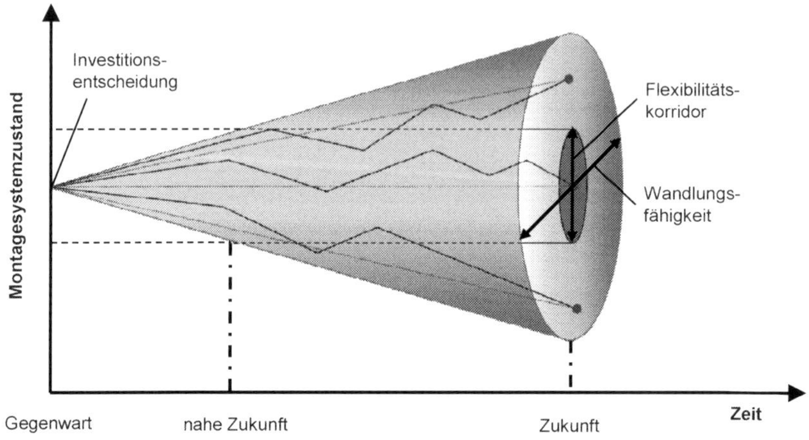

Bild 2.14: Flexibilität und Wandlungsfähigkeit [MUEL11a, S. 426]

Wandlungsfähigkeit ist ein Oberbegriff, der die Veränderungsfähigkeit von Produktionsnetzwerken über Fabriken und einzelnen Produktionssystemen (wie bspw. verketteten Montagesystemen) bis hin zu einzelnen Prozessen beschreibt [ELMA09, S. 11; WIEN07, S. 786; WIEN09, S. 131]. Die technikbezogene Anpassungsfähigkeit eines Montagesystems im Sinne der Wandlungsfähigkeit wird als **Rekonfigurierbarkeit** bezeichnet. [KLUG11, S. 18]. Ein wandlungsfähiges Montagesystem zeichnet sich dadurch aus, dass der bestehende Systemzustand durch eine schnelle Rekonfiguration angepasst werden kann. Dies geht mit einem geringen Planungsaufwand bei der Durchführung der eigentlichen Rekonfiguration einher. Eine Rekonfiguration umfasst das Entfernen, Anpassen, Austauschen oder Hinzufügen von Systemelementen wie bspw. Prozessmodulen [KARL12, S. 228]. So wird es u.a. ermöglicht, nachträglich Systemelemente zu integrieren, die zum Zeitpunkt der Planung noch nicht vorgehalten werden müssen [WULF08, S. 338].

Eine wichtige Voraussetzung zur Umsetzung einer rekonfigurierbaren Systemstruktur ist die Modularität dar [STEF07, S. 96]. Die Modularisierung ermöglicht es, die Konfigurationslogik so auszulegen, dass Auswirkungen einer Rekonfiguration auf einzelne Module begrenzt werden und der Aufwand hinsichtlich der Hardware- und Softwareanpassung minimal gehalten werden kann. Aufgrund der großen Relevanz der Modularisierung für die Rekonfigurierbarkeit werden Grundlagen der Modularisierung in Kapitel 3.1 dargestellt.

Rekonfigurierbarkeit wird in der Literatur oftmals als Anpassung an Produkt- oder Produktionstechnologieveränderungen definiert [WIEN09, S. 133]. Eine Anpassung an eine Stückzahlveränderung durch eine Rekonfiguration ist auch möglich, bspw. durch den Austausch eines manuellen durch ein automatisiertes Prozessmodul [KORE99, S. 529]. Da die Anpassung eines Montagesystems an eine Stückzahlveränderung oftmals über eine Rekonfiguration hinausgeht, bspw. durch eine Anpassung der Arbeitsorganisation, wird diese üblicherweise begrifflich abgegrenzt und als Skalierung bezeichnet [KAMP11, S. 58; MUEL11a, S. 427].

Zusammenfassend gilt für diese Arbeit die folgende Definition des Begriffs Wandlungsfähigkeit:

Wandlungsfähigkeit ist die Eigenschaft eines Montagesystems, über einen vordefinierten Flexibilitätskorridor hinaus an die drei direkten Wandlungstreiber Produkt-, Stückzahl- und Montagetechnologieveränderung angepasst werden zu können. Diese wird durch **Rekonfigurierbarkeit** umgesetzt, welche die technikbezogene Anpassungsfähigkeit des Systemzustandes durch das Entfernen, Anpassen, Austauschen oder Hinzufügen von Systemelementen ist. Die Eigenschaft zur Anpassung an eine Stückzahlveränderung wird auch als **Skalierbarkeit** bezeichnet.

2.3 Praktischer Handlungsbedarf für die Montage

Ziel dieses Kapitels ist es, den praktischen Handlungsbedarf in der Montage darzustellen. Dafür wird in Kapitel 2.3.1 und Kapitel 2.3.2 für die im Fokus dieser Arbeit stehende Elektronikkomponenten- und Fahrzeugmodulmontage untersucht, welche Wandlungshemmnisse eine Anpassung an die in Kapitel 2.2.1 dargestellten Wandlungstreiber verhindern bzw. erschweren. Als Wandlungshemmnisse werden technische Ursachen verstanden, aufgrund derer eine Anpassung des Montagesystems an Produkt-, Stückzahl- und Montagetechnologieveränderung erschwert oder verhindert wird. Grundlagen zur Analyse von Wandlungshemmnissen können den Arbeiten von Klußmann et al. entnommen werden, die eine grundsätzliche Analyse von „Wandlungshemmern" einzelner Fabrikelemente durchführen [KLUS05, S. 297]. In Kapitel 2.3.3 werden die Wandlungshemmnisse abschließend zusammengefasst.

2.3.1 Wandlungshemmnisse in der Elektronikkomponentenmontage

Die Montage von Elektronikbaugruppen ist von einer zunehmenden Variantenvielfalt sowie sinkenden Stückzahlen und Losgrößen bei oftmals steigender Gesamtstückzahl gekennzeichnet [MUEL11a, S. 442-445]. Daraus resultierende Produktveränderungen erfordern meist eine Anpassung einzelner Stationen oder Prozessmodule. Bei Produkt-, Stückzahl- oder Montagetechnologieveränderungen, die sich gravierender auf den Montageprozess auswirken, kann auch der Austausch von Stationen oder ganzen Montagezellen erforderlich sein. Anpassungen an Stückzahlveränderungen können auch den Austausch des gesamten Montagesystems erfordern, wenn die notwendige Reduzierung der Taktzeit nicht mit den vorhandenen Stationen oder der Transporttechnik darstellbar ist.

Die Handhabungs- und Montagesystemlösungen, die für die Elektronikkomponentenmontage eingesetzt werden können, haben bereits zu etwa einem Drittel einen modularen Aufbau. So wird der Austausch ganzer Montagezellen bereits gut beherrscht, wie Heckmann von der Fa. Teamtechnik oder Müller et al. für Montagesysteme mit Doppelgurtbandtransportsystem aufzeigen [HECK10; MUEL11a, S. 444-445]. Einzelne Firmen wie die Fa. Phoenix Contact setzen sogar „Plug & Produce" Montagezellen ein, die während des Betriebs ausgetauscht werden können [MUEL11a, S. 445]. In Anlaufszenarien oder für variantenreiche Produkte in kleinen Losen, die eine schnelle Erstkonfiguration erfordern, werden auch bereits häufig stationsmodulare Montagezellen mit mechanisch und mechatronisch abgeschlossenen Stationen eingesetzt (Anhang, Bild 10.1). Einzelne Stationen sind dabei mit einer dezentralen Steuerung ausgestattet [SLAM04, S. 94]. Der Austausch einzelner Stationen und Prozessmodule kann bei solchen Systemen aufwandsarm durchgeführt werden, wie u.a. Frager und Nehr von der Fa. Teamtechnik oder Müller et al. in Anwendungsbeispielen aufzeigen [FRAG09, S. 65-66; MUEL11a, S. 444]. Trotz der prinzipiellen Verfügbarkeit diverser modular aufgebauter Montagesysteme ist deren Umsetzung in der montierenden Praxis noch nicht dementsprechend erkennbar [KLUG11, S. 2]. Aufwandsarmen Wandlungsprozessen stehen in der Praxis immer noch grundlegende Wandlungshemmnisse im Wege. Im Folgenden werden die für diese Arbeit relevanten Wandlungshemmnisse dargestellt.

In der Großserien- und der Massenfertigung werden in den meisten Fällen grundsätzlich modular aufgebaute Montagesysteme eingesetzt, bei denen die Stationen und Prozessmodule aus Kostengründen nicht als mechatronisch abgeschlossene Module ausgeführt sind. Ein Beispiel hierfür ist im Anhang in Bild 10.2 dargestellt. Das erste daraus resultierende Wandlungshemmnis besteht darin, dass der Austausch einzelner Stationen oder Prozessmodule oft Änderungen an weiteren Stationen nach sich zieht, weil diese mechanisch oder mechatronisch miteinander verkoppelt sind und/oder auch versetzt werden müssen. Darüber hinaus kann das Einbringen zusätzlicher Stationen in eine Montagezelle auch die Anpassung benachbarter Montagezellen nach sich ziehen, sog. zellenübergreifende Anpassungen. Das zweite in der Praxis häufig vorliegende Wandlungshemmnis ist, dass oftmals nicht ausreichend räumliche Erweiterungsmöglichkeiten zur Integration von zusätzlichen Stationen oder Montagezellen vorgesehen werden. Die beiden bisher aufgeführten Wandlungshemmnisse erschweren sowohl eine Anpassung an Produkt-, Stückzahl als auch an Montagetechnologieveränderungen.

Wie eingangs erläutert ist für eine Anpassung an eine Stückzahlerhöhung eine Reduzierung der Taktzeit vorzunehmen, die derzeit meist durch eine Duplizierung ganzer Montagezellen oder einzelner Stationen gelöst wird. Eine weitere Möglichkeit zur Reduzierung der Taktzeit als Reaktion auf eine Stückzahlerhöhung ist eine Beschleunigung bzw. eine Automatisierung des Transportsystems [MUEL11a, S. 442]. Eine Skalierung mithilfe einer Automatisierung der eingesetzten Transporttechnik kann durch einen abschnittsweisen Austausch des Transportsystems oder den Austausch des gesamten Transportsystems erfolgen (Bild 2.15). Durch den Einsatz einer schnelleren Transporttechnik kann die Werkstückträgerwechselzeit (Nebenzeit für den Transport von einer Station zur Nächsten einschließlich der Indexierung) reduziert werden und somit die Taktzeit reduziert werden.

Diese Möglichkeit zur Skalierung wird durch zwei Wandlungshemmnisse verhindert. Erstens verhindert die Strukturierung bzw. Modularisierung des Transportsystems einen Austausch von Transportsystemmodulen in Abschnitten oder den Austausch des Transportsystems für das Gesamtsystem.

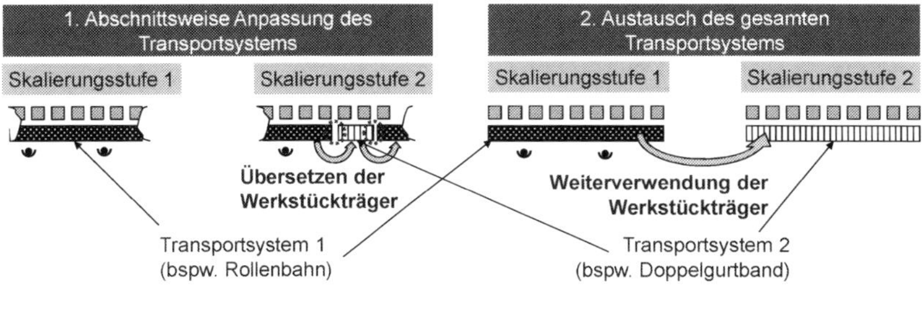

Bild 2.15: Wandlungshemmnis „Kompatibilität der Werkstückträger“

Das zweite gravierende Wandlungshemmnis ist die fehlende transportseitige Kompatibilität der Werkstückträger mit verschiedenen Transportsystemen. Derzeitige Werkstückträgersysteme sind meist ausschließlich auf einem Transportsystem einsetzbar. Das Übersetzen eines Werkstückträgers zwischen verschiedenen Transportsystemen, wie in Bild 2.15 auf der linken Seite dargestellt, ist oftmals nicht möglich. Darüber hinaus kann bei einer Skalierung auch die Automatisierung des gesamten Transportsystems erforderlich sein, wie in Bild 2.15 auf der rechten Seite dargestellt. So ist bspw. ein Skalierungsszenario denkbar, in dem die Baugruppen zunächst mithilfe einer Rollenbahn manuell von Station zu Station geschoben werden, um dann in der nächsten Skalierungsstufe ein Doppelgurtbandsystem und in der Endausbaustufe ein hochtaktendes spindelgetriebenes Transportsystem einzusetzen. Die Weiterverwendung der Werkstückträger von einer Skalierungsstufe in der nächsten ist in einem solchen Szenario nur mit erheblichem Anpassungsaufwand möglich. Durch die fehlende transportseitige Kompatibilität der Werkstückträger entstehen im Falle einer Skalierung so hohe Neuinvestitionen für Werkstückträger, da bereits bei einem weitestgehend manuell ausgeführten Montagesystem ein erheblicher Kostenanteil auf die Werkstückträger entfällt [MUEL11a, S. 442-443]. Die unzureichende Weiterverwendbarkeit der Werkstückträgersysteme bei einer Skalierung stellt zusätzlich ein Wandlungshemmnis dar, weil Erfahrungswissen und technische Optimierungen und somit Prozesssicherheit durch das bestehende Werkstückträgersystem nicht weiter genutzt werden können.

Die unzureichende Kompatibilität der Werkstückträger erschwert nicht nur eine Skalierung zur Anpassung an eine Stückzahlveränderung. Sie schränkt auch die Kombinierbarkeit der Vorzüge verschiedener Transportsysteme bspw. hinsichtlich der Erweiterbarkeit, des Platzbedarfs oder der Kombinierbarkeit verschiedener Montagetechnologien ein. Wie aus der Übersicht in Bild 2.16 hervorgeht, weisen verschiedene Transportsysteme durch ihr Eigenschaftsprofil tendenziell unterschiedliche Einsatzfelder sowie Vor- und Nachteile auf. Während zum Beispiel zusätzliche Stationen bei einem Rundschalttisch oder einem starr getakteten Längstransferautomaten nur schwer integrierbar sind, sind Montagesysteme mit lose verketteten Transportsystemen wie bspw. Rollen- oder Doppelgurtbandsystem tendenziell leichter erweiterbar. Durch die Kombination mehrerer Transportsysteme unter Verwendung eines einheitlichen Werkstückträgersystems könnten Abschnitte einfacher gezielt so ausgelegt werden, dass der Austausch von Stationen bzw. die Erweiterbarkeit mit zusätzlichen Stationen leichter durchgeführt werden kann als im übrigen System. Die unzureichende transportseitige Kompatibilität der Werkstückträgersysteme stellt daher auch ein Wandlungshemmnis gegenüber Produkt- und Montagetechnologieveränderungen dar.

Transportsystem / Eigenschaft	Rollenbahn	Rollenband-/ Doppelgurtband	Längstransfer-automat	Rundtakttisch
hohe (WT-Wechsel-) Geschwindigkeit	◑	◕	●	●
gute Austauschbarkeit einzelner Stationen	●	◕	◑	◔
geringer Platzbedarf	◑	◑	◑	●
hohe Positionier-genauigkeit	◑	◕	●	●
geringe Kosten	●	◕	◑	◑

Legende: Ausprägung der Eigenschaft
● = sehr gut ◕ = gut ◑ = teilweise ◔ = eingeschränkt ○ = nicht erfüllt

Bild 2.16: Eigenschaften verschiedener Transportsysteme

2.3.2 Wandlungshemmnisse in der Fahrzeugmodulmontage

Die Fahrzeugmodulmontage bspw. für Getriebe, Achsen oder Motoren, die bei Automobilherstellern oder Systemlieferanten stattfindet, ist von Konjunkturschwankungen stark betroffen. Dies hängt auch damit zusammen, dass diese oft von den Produktionsprogrammen mehrerer Endmontagewerke abhängen. Den Bedarf an Wandlungsfähigkeit in der Aggregatemodulmontage zeigen bspw. Hartmann oder Müller et al. auf [HART11; MUEL11a, S. 439-440; MUEL11d].

Produkt- oder Montagetechnologieveränderungen erfordern die Anpassung von Prozessmodulen, das Einbringen neuer Prozessmodule in bestehende Stationen, bspw. auch zur Anpassung der Montagereihenfolge. Eine Anpassung an eine Stückzahlveränderung erfordert in der Fahrzeugmodulmontage meist neben stationsbezogenen Maßnahmen die Anpassung von ganzen Bandabschnitten einschließlich der Routenführung des Transportsystems.

Ein grundlegendes Wandlungshemmnis, das eine Anpassung an Produkt- oder Montagetechnologieveränderungen erschwert, besteht in der produktspezifischen Ausführung und der erschwerten Austauschbarkeit von Prozessmodulen wie Handhabungseinrichtungen oder Fügewerkzeuge sowie Bauteilaufnahmen. Diese fehlende Rekonfigurierbarkeit führt derzeit oftmals dazu, dass selbst bei geringfügigen Produktveränderungen wie bei einer Produktüberarbeitung bestehende Stationen nicht weiterverwendet werden und eine Neuinvestition einer Rekonfiguration vorgezogen wird. Nicht mehr benötigte Stationen oder Prozessmodule können dementsprechend meist auch nicht für neue Einsatzzwecke in anderen Montagesystemen weiterverwendet werden.

Ein damit zusammenhängendes Wandlungshemmnis ist eine zu große Stationskomplexität. Ein hinsichtlich möglicher Wandlungsprozesse zu komplexer Stationsaufbau zeichnet sich dadurch aus, dass unterschiedliche Montageprozesse in eine Station integriert werden, bspw. aufwändige integrale Lösungen für Handhabungs- und Fügeprozesse zusammen mit Inbetriebnahmeprozessen. Es kann festgestellt werden, dass aufwandsarme Wandlungsprozesse tendenziell leichter realisierbar sind, wenn ausschließlich ähnliche Prozesstypen, bspw. Schrauben oder Pressoperationen, mit ähnlichen Prozesseigenschaften (Bearbeitungsrichtung, Bearbeitungskraft ...), in eine Station integriert werden. Eine Bündelung unterschiedlicher Prozesstypen und -ei-genschaften führt hingegen im Fall einer Rekonfiguration oft zu Wandlungshemmnissen. Ursächlich für eine zu komplexe Stationsgestaltung ist oftmals auch die Umsetzung eines zu großen Prozessumfangs in einer Station. Hierdurch wird bei der Austaktung das Ziel verfolgt, eine möglichst hundertprozentige Auslastung zu realisieren. Das Optimierungsziel optimale Auslastung steht somit in manchen Fällen im Zielkonflikt mit einfacher Rekonfigurierbarkeit. Ein Vorteil komplexerer integraler Stationsaufbauten ist ein geringerer Flächenbedarf.

Die wirtschaftliche Relevanz einer optimalen Austaktung ist auch bei manuellen Arbeitsplätzen ein Wandlungshemmnis. In der Fahrzeugmodulmontage ist ein großer Anteil an Prozessen derzeit nicht wirtschaftlich sinnvoll automatisierbar. Aufgrund des gravierenden Lohnkostenfaktors manueller Arbeitsumfänge ist eine möglichst hohe Auslastung gerade bei manuellen Arbeitsplätzen eine wichtige Zielgröße. Eine Anpassung des Montagesystems im Falle einer Rekonfiguration oder Skalierung führt oftmals auch zur Umverteilung manueller Arbeitsinhalte, was zu einer schlechteren Werkerauslastung führen kann und somit aus wirtschaftlichen Gesichtspunkten ein Wandlungshemmnis darstellt.

Anpassungen an Stückzahlveränderungen werden derzeit meist nur in engen Grenzen vorgenommen und oftmals nur im Rahmen von arbeitsorganisatorischen Maßnahmen durchgeführt, bspw. durch den Einsatz von Springern oder durch Schichtmodelle. Eine Ursache hierfür ist, dass sehr spezifische Stationskonzepte für verschiedene Ausbringungsstufen eine Skalierung bzw. Anpassung des Automatisierungsgrades verhindern. Bei geringen Stückzahlen werden oftmals Handarbeitsplätze oder Halbautomaten eingesetzt, die als Inline- oder als Offline-Stationen ausgeführt werden. Bei steigenden Stückzahlen können diese meist nicht weiterverwendet werden und werden deshalb durch vollautomatisierte Lösungen ersetzt, die in eine automatisierte Transporttechnik integriert werden. Müller et al. zeigen diese Herausforderung am Beispiel einer Montagestation für die Hinterachseinstellung auf [MUEL11d].

Die Umsetzung einer Skalierung erfordert in der Aggregatemontage darüber hinaus Anpassungen des Layouts hinsichtlich der Stationsanordnung. Ein Wandlungshemmnis hierbei sind fehlende Erweiterungsflächen, weil bei der Planung meist eine hohe Flächenproduktivität im Vordergrund steht. Fehlende Erweiterungsmöglichkeiten sind auch ein Wandlungshemmnis bei Produkt- und Montagetechnologieveränderungen, die eine Integration zusätzlicher Prozessschritte oder eine Änderung der Montagereihenfolge erfordern. Die Integration zusätzlicher Prozessschritte oder das Umtakten von Prozessinhalten führen zu erheblichem Umbauaufwand, wenn keine Erweiterungsflächen vorgehalten werden.

2.3.3 Zwischenfazit praktischer Handlungsbedarf

Ein methodisches Wandlungshemmnis, das branchenübergreifend vorliegt, ist die unzureichende Berücksichtigung und Analyse möglicher Wandlungstreiber und deren Auswirkungen auf das Montagesystem im Planungsprozess. So wird der Lösungsraum bspw. hinsichtlich des verfügbaren Arbeitsraums oder montagerelevanter Produktmerkmale meist auf die explizit vorliegenden Produktvarianten begrenzt, anstatt absehbare Wandlungstreiber frühzeitig mit einzubeziehen. Ein weiteres übergreifendes Wandlungshemmnis ist die unzureichende Verknüpfung zwischen der Montageplanung und dem Systementwurf bzw. der konstruktiven Umsetzung, wodurch eine scharfe Trennung im Montagesystementwicklungsprozess entsteht. Diese unzureichend ganzheitliche Systembetrachtung verhindert oftmals, dass Konzeptgedanken aus der Planungsphase beim Montagesystemanwender, welche Anforderungen aus möglichen Wandlungstreibern berücksichtigen, beim Montagesystemhersteller in der konstruktiven Umsetzung der Anlagen umgesetzt werden (vgl. Kapitel 2.1.3).

Die in diesem Kapitel dargestellten Wandlungshemmnisse sind in Bild 2.17 zusammengefasst und zeigen den praktischen Handlungsbedarf auf. Zusammenfassend kann festgehalten werden, dass in der montierenden Praxis derzeit nicht angemessen auf die drei direkten Wandlungstreiber Produkt-, Stückzahl- und Montagetechnologieveränderung reagiert werden kann.

Wandlungshemmnisse Elektronikkomponentenmontage	**Wandlungshemmnisse Fahrzeugmodulmontage**
➢ oftmals großer Aufwand beim Austausch und bei der Rekonfiguration von Montagestationen ➢ unzureichende Berücksichtigung von Erweiterungsflächen und fehlende räumliche Erweiterbarkeit von Montagezellen	➢ unzureichende Rekonfigurierbarkeit von Stationen und Prozessmodulen sowie spezifisch ausgeführte Bauteilaufnahmen ➢ unzureichende Berücksichtigung von Erweiterungsflächen für zusätzliche Stationen oder Abschnitte
➢ fehlende transportseitige Kompatibilität der Werkstückträger, die eine Kombination von verschiedenen Transportsystemen einschränkt – unzureichende Kombinierbarkeit mehrerer Transportsysteme in einem Montagesystem (abschnittsweiser Austausch des Transportsystems, Bild 2.15, links) – unzureichende Weiterverwendung von Werkstückträgern im Skalierungsfall (Austausch des gesamten Transportsystems, Bild 2.15, rechts)	➢ Komplexität der Montagestationen und Prozessmodule ➢ Stationskonzepte, die spezifisch für eine Ausbringungsstufe ausgelegt sind ohne Erweiterungsmöglichkeiten hinsichtlich einer späteren Skalierung ➢ schlechte Auslastung von man. Arbeitsplätzen nach einer Rekonfiguration oder Skalierung

übergreifende Wandlungshemmnisse
➢ unzureichende Berücksichtigung der Wandlungstreiber in der Planung ➢ unzureichende Verknüpfung bzw. scharfe Trennung zwischen Montageplanung und Systementwurf/konstruktiver Umsetzung

Bild 2.17: Wandlungshemmnisse im Betrachtungsfokus dieser Arbeit

3 Bestehende Ansätze zur Entwicklung von Montagesystemen

In diesem Kapitel werden die für die Arbeit relevanten Ansätze und Methoden aus dem Stand der Technik vorgestellt. Wie in Kapitel 2.2 aufgezeigt, ist die Modularität ein wesentlicher Befähiger für Rekonfigurierbarkeit. Daher werden in Kapitel 3.1 die Grundlagen zur Entwicklung modularer Systeme vorgestellt. In Kapitel 3.2 werden Ansätze und Techniken aus der Objektorientierung dargestellt, die bei einer intuitiven Umsetzung einer modularen und rekonfigurierbaren Systemstruktur unterstützen und auf die Montagesystementwicklung übertragen werden sollen. Anschließend werden in Kapitel 3.3 die in der Literatur relevanten Methoden zur Gestaltung von Montagesystemen vorgestellt und untersucht, inwieweit sie für den Entwicklungsprozess eines wandlungsfähigen Montagesystems herangezogen werden können. Eine zusammenfassende Bewertung des Standes der Technik wird in Kapitel 3.4 vorgenommen.

3.1 Modularisierung

Die Modularität ist ein wesentlicher Wandlungsbefähiger eines Montagesystems. Daher werden in diesem Kapitel die Grundlagen der Modularisierung vorgestellt.

Das Beziehungsgeflecht eines modularen Systems zeichnet sich dadurch aus, dass dessen interne Beziehungen deutlich stärker ausgeprägt sind als die Beziehungen zwischen den Modulen [GOEP98, S. 30]. Ein Modul ist somit eine Subsystem, das von anderen Subsystemen strukturell weitgehend unabhängig ist [BALD00, S. 63]. Module haben eine abgegrenzte Funktionalität sowie definierte Schnittstellen und möglichst wenige Abhängigkeiten zu weiteren Modulen [STEF07, S. 20].

Ulrich definiert den Begriff der Systemarchitektur als das Beziehungsgeflecht zwischen Funktionen und Komponenten. Die Systemarchitektur beschreibt die Gesamtfunktion, die Zuordnung zwischen Einzelfunktionen und Komponenten sowie die Spezifikation der Schnittstellen zwischen interagierenden Komponenten. Eine modulare Systemarchitektur zeichnet sich dadurch aus, dass eine „eins-zu-eins“ Beziehung zwischen Funktionen und Komponenten vorliegt. Darüber hinaus besitzen die Komponenten lösbare entkoppelte Schnittstellen, die einen Austausch der Produktkomponenten ermöglichen. Eine integrale Systemarchitektur hat auch Zuordnungen zwischen mehreren Funktionen und einer einzelnen Komponente. In Bild 3.1 ist eine integrale einer modularen Produktarchitektur gegenübergestellt. Ein Vorteil einer modularen Produktarchitektur im Hinblick auf die Anpassungsfähigkeit besteht darin, dass erforderliche Änderungen, die meist mit einer Änderung einzelner Funktionen einhergehen, eine möglichst geringe Anzahl an Schnittstellen und Komponenten betreffen. [ULRI95, S. 420-427].

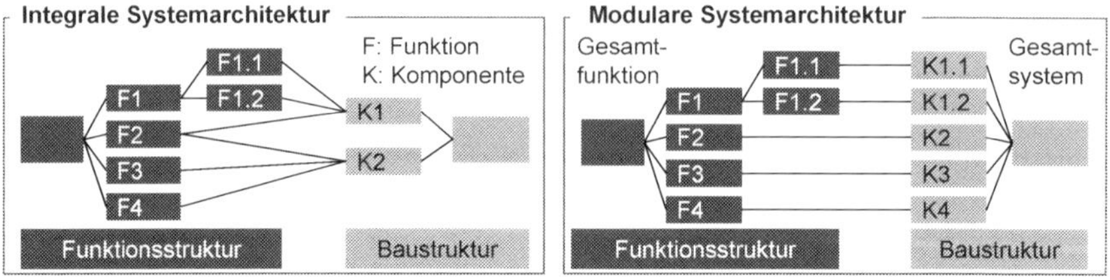

Bild 3.1: Integrale und modulare Systemarchitektur [ULRI95, S. 421-422]

Göpfert unterscheidet anhand der Dimensionen der funktionalen und der physischen Unabhängigkeit hinsichtlich des Modularisierungsgrades zwischen vier Klassen [GOEP98, S. 102-109]. Eine modulare Systemarchitektur zeichnet sich dadurch aus, dass sowohl die funktionale als auch die physische Unabhängigkeit vorliegen (Bild 3.2). Bei einem funktional-modularen System sind die einzelnen Funktionsumfänge einzelnen Komponenten zugewiesen, die als Module ausgeführt sind. Die Funktionsumfänge sind somit so weit als möglich voneinander abgegrenzt und eindeutig den einzelnen Komponenten zugewiesen. Die Trennbarkeit dieser Komponenten nach der Erstkonfiguration wird durch die physische Unabhängigkeit sichergestellt. Sind beide Unabhängigkeitsdimensionen erfüllt, liegt ein modulares Produkt vor.

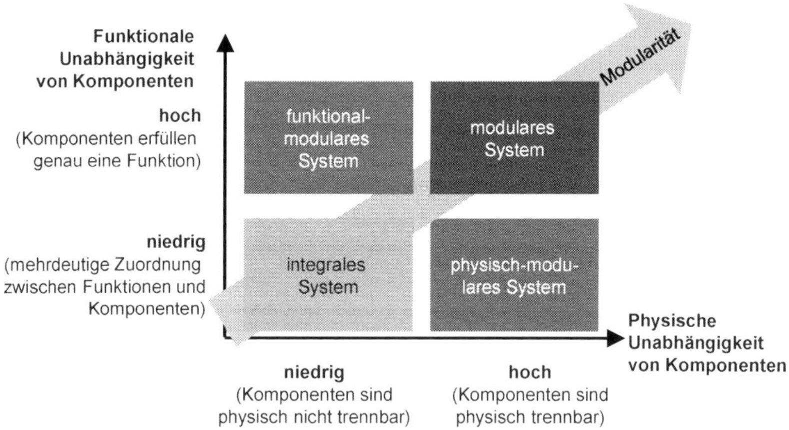

Bild 3.2: Klassen von Systemarchitekturen [GOEP98, S. 107]

Um eine modulare Systemarchitektur umzusetzen, sind das Unabhängigkeits-, das Integritäts- und das Dekompositionsprinzip anzuwenden. Diese drei pragmatischen Gestaltungsprinzipien sind in Bild 3.3 zusammengefasst. Aufgrund des Anspruchs auf Allgemeingültigkeit und der teils konträren Gestaltungsziele bedürfen diese Prinzipien einer Übertragung und Anpassung für spezifische Anwendungsfälle [GOEP98, S. 128].

1. Unabhängigkeitsprinzip	2. Integritätsprinzip	3. Dekompositionsprinzip
1.1 Verteile unterschiedliche Produktfunktionen möglichst auf verschiedene Module, sofern sich nicht die Nutzung eines Moduls für mehrere Funktionen anbietet. **1.2** Bilde physisch möglichst unabhängige Module, sofern der Aufwand für die Spezifikation und Herstellung der Schnittstellen den Nutzen der Modularisierung nicht übersteigt.	**2.1** Spezifiziere eindeutige Schnittstellen zwischen Modulen. **2.2** Optimiere das Gesamtprodukt, nicht die einzelnen Module. **2.3** Verwende bereits existierende Module wieder, sofern dadurch nicht Integrität und Charakter des Produktes gefährdet werden.	**3.1** Dekomponiere die Funktionen eines Produktes solange in Teilfunktionen, bis sich Komponenten zu deren Erfüllung identifizieren lassen. **3.2** Erhöhe den Detaillierungsgrad bei Bedarf durch fortgesetzte selektive Dekomposition von Produktfunktionen und Komponenten.

Bild 3.3: Gestaltungsprinzipien zur Modularisierung [GOEP98, S. 125]

Der Modulbegriff kann sowohl auf Produkte als auch auf Elemente eines Produktionssystems angewendet werden. Neuhausen versteht unter einem **Modul eines Produktionssystems** frei kombinierbare und austauschbare Einheiten mit klaren Einfluss- und Funktionszuordnungen [NEUH01, S. 13]. Kluge et al. untersuchen den Begriff der Modularität im Kontext von Montagesystemen und sehen darin die Strukturierung einzelner Komponenten in abgrenzbare Einheiten bzw. voneinander unabhängige Subsysteme: „Ein Modul (**Montagemodul**) ist ein lokal abgeschlossenes Teil eines Ganzen (Montagesystem), das eine oder mehrere in sich geschlossene Montagefunktionen übernimmt.“ [KLUG09, S. 593]

Neuhausen zeigt auf, wie die Modularisierung dazu genutzt werden kann, um Auswirkungen von Produktveränderungen auf das Produktionssystem zu minimieren [NEUH01]. Sein dafür entwickelter Gestaltungsansatz besteht darin, die Auswirkungen von Produktveränderungen auf möglichst wenige Produktionsprozessschritte zu reduzieren (Bild 3.4).

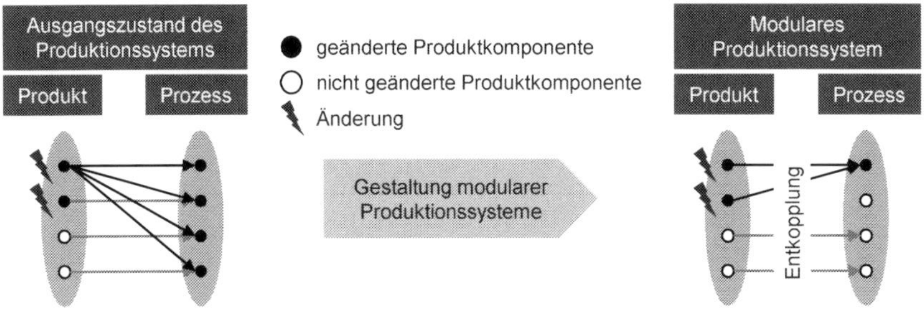

Bild 3.4: Ansatz zur Gestaltung modularer Produktionssysteme [NEUH01, S. 75]

Als Lösungsansatz entwickelt Neuhausen eine Produktionsstrukturmatrix und Richtlinien für die Gestaltung von Produktionssystemen, die im Folgenden erläutert werden.

In der **Produktionsstrukturmatrix (PNSM)** werden Anforderungen und Informationen aus Produkt und Produktion erfasst und miteinander in Verbindung gesetzt (Bild 3.5). Die daraus resultierende umfangreiche Tabelle setzt sich aus einem Produktteil, einem Produktionsteil und einem Abhängigkeitsteil zusammen [NEUH01, S. 66ff.]. Der **Produktteil** umfasst die Produktkomponenten und die Prozessparameter, die sich bei verschiedenen Varianten unterscheiden können. Die Abhängigkeiten zwischen dem Produkt und den Produktionsprozessen werden im **Abhängigkeitsteil** erfasst, indem ermittelt wird, ob die Prozessparameter bspw. einen Werkzeugwechsel oder eine Verstellung erforderlich machen. Zusätzlich werden im **Produktionssteil** die Wechselwirkungen zwischen den Produktionsmodulen (Stationen, Prozessmodule) mit einer „Dreiecksmatrix" dargestellt. Der in Bild 3.5 exemplarisch dargestellte Pressenprozess ist von drei Prozessparametern (Typ, Durchmesser und Länge) der Produktkomponente "Welle" abhängig. Diese Abhängigkeiten erfordern zwei Werkzeugwechsel und eine Einstellung des Pressenwerkzeugs.

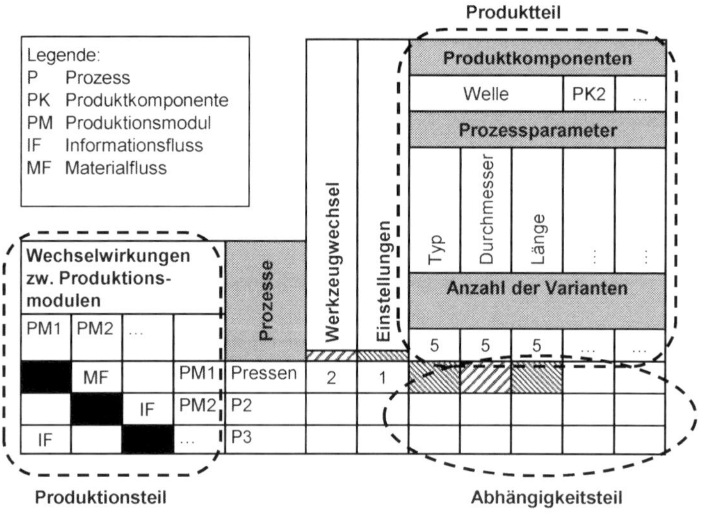

Bild 3.5: Vereinfachte Darstellung der Produktionsstrukturmatrix [NEUH01, S. 148]

Ziel der Anwendung der PNSM ist die Umsetzung von **Gestaltungsrichtlinien,** die Neuhausen für ganze Produktionslinien sowie einzelne Stationen und Prozesse aufstellt. Mit diesen Gestaltungsrichtlinien soll, wie eingangs erwähnt, der Einfluss von Produktelementen und Prozessen des Produktionssystems entkoppelt und die Auswirkungen möglicher Änderungen von Produktelementen auf möglichst wenige Objekte des Produktionssystems reduziert werden [NEUH01, S. 75].

Auf der Ebene der **Produktionslinien** wird eine variantengetriebene Zuordnung von Produktkomponenten zu Produktionslinien vorgeschlagen [NEUH01, S. 77-79]. Wie u.a. auch Bullinger und Eversheim feststellen, können durch eine Variantenisolierung in Vor- oder Endmontagebereiche flexibel auszulegende Bereiche von Standardbereichen abgegrenzt werden (vgl. Kapitel 3.3.1).

Ziel der Gestaltungsrichtlinien auf **Stationsebene** ist es, die Abhängigkeit zwischen produktbezogenen Parametern und Stationen auf ausgewählte Stationen zu beschränken [NEUH01, S. 84]. Auf Stationsebene wird vorgeschlagen, die Zuordnung von Prozessen zu einzelnen Stationen zu ändern, zusätzliche Stationen zu integrieren oder Stationen zu trennen [NEUH01, S. 86-88].

Eine Maßnahme auf **Prozessebene** besteht darin, den eingesetzten Produktionsprozess zu ändern, um produktseitige Einflüsse zu beeinflussen und zu reduzieren. Um die produktseitige Flexibilität zu steigern, kann eine Flexibilisierung auf Prozessebene vorgenommen werden [NEUH01, S. 89-90].

Neuhausens Gestaltungsrichtlinien zielen darauf ab, Produktionssysteme so auszulegen, dass eine Anpassung an Produktveränderungen erleichtert wird. Mithilfe der Produktionsstrukturmatrix wird der Zusammenhang zwischen den Produktmerkmalen und einzelnen Produktionsmodulen hergestellt sowie Gestaltungsmaßnahmen abgeleitet, um diesen Zusammenhang zu optimieren. Ein wesentliches Defizit dieses Ansatzes ist, dass die Gestaltungsmaßnahmen zu allgemeingültig gehalten sind, um als konkrete Handlungsanweisung für die Gestaltung eines Produktions- oder Montagesystems zu dienen. Bspw. ist ein Umverteilen der Prozesse innerhalb einer Linie oder zwischen einzelnen Stationen gerade bei teil- und vollautomatisierten Montagesystemen eng an die Vorrangfolge und weitere Restriktionen geknüpft und daher oftmals nicht umsetzbar. Wie eine Flexibilisierung auf Prozessebene durchzuführen ist, wird ebenfalls nicht ausgeführt. Stückzahlveränderungen werden im Produktionsprogrammmodell zwar berücksichtigt, finden in den Gestaltungsrichtlinien allerdings keine Berücksichtigung. Die Anwendbarkeit für die Montage ist auch deshalb nicht direkt gegeben, weil aufgrund der allgemeingültigen Betrachtung von Produktionssystemen spezifische Randbedingungen hinsichtlich der Struktur eines Montagesystems nicht berücksichtigt werden. Darüber hinaus erscheinen die vorgestellten Tabellenwerkzeuge zwar zur Darstellung der Zusammenhänge sehr geeignet, für die Anwendung bei komplexen Prozessketten allerdings zu aufwändig.

Umfangreiche Übersichten über Vorarbeiten zur Produktmodularisierung mit den unterschiedlichsten Zielstellungen können den Arbeiten von Erixon [ERIX98], Fixon [FIXS03], Koppenhagen [KOPP04], Koeppen [KOEP07], Ruppert [RUPP07] sowie Steffen [STEF07] entnommen werden. Ansätze zur Modularisierung von Produktionssystemen werden von Baumgart [BAUM04] und Boos [BOOS08] vorgestellt, deren Ansätze die etablierten Methoden der Produktmodularisierung aufgreifen und übertragen. Da diese Methoden keine direkte Relevanz und keinen Nutzen für die Gestaltung von Montagesystemen haben, werden sie nicht näher dargestellt.

3.2 Ansätze aus der Objektorientierung

In diesem Kapitel werden Grundlagen der Objektorientierung vorgestellt, die bei der Entwicklung und insbesondere bei der Strukturierung rekonfigurierbarer Montagesysteme unterstützen und daher auf die Montagesystementwicklung übertragen werden sollen. Während die Ursprünge der objektorientierten Programmierung in den 1970er Jahren liegen, sind Veröffentlichungen zur objektorientierten Analyse und zu objektorientierten Designansätzen erst in den 1990er Jahren zu verzeichnen [OEST06, S. 17]. In der Softwareentwicklung führt die Objektorientierung zu Systemarchitekturen, die denen einer modularen Produktarchitektur sehr ähnlich sind [GOEP98, S. 195]. Ein wesentlicher Unterschied von Softwaresystemen zu technischen Systemen ist, dass sie nicht aus materiellen Systemelementen bestehen [BERG05, S. 88; GOEP98, S. 195]. Göpfert bezeichnet das „Software-Objekt" als „immatrielles Äquivalent zum materiellen Modul". Die Sichtweise, Konzepte und Werkzeuge der Objektorientierung werden längst nicht mehr ausschließlich für die Softwareentwicklung eingesetzt, sondern bspw. für die Entwicklung von Automatisierungstechnik für Anlagen oder für die Fabrikplanung [FRAG09; VOGE09; BERG05].

Ansätze aus der Objektorientierung zur Gestaltung modularer und rekonfigurierbarer Systeme

Die Sichtweise der Objektorientierung basiert auf Vorgängen der realen Welt. Systemkomponenten der realen Welt werden als Objekte modelliert, die miteinander interagieren. Objekte können also Institutionen, materielle Dinge oder abstrakte Dinge sein [POET09, S. 2]. Nach Schünemann sind folgende Prinzipien zentrale Bestandteile der Objektorientierung [SCHM09, S. 21]:

Prinzip der Datenkapselung:

- Objekt = Systemkomponente = Attribute + Methoden

Objekt-Klassen-Prinzip:

- Klasse = Objekttyp = Attributedefinition + Methodendefinition

Prinzip der Vererbung und des Polymorphismus

- Unterklasse = Spezialisierung einer Oberklasse = Erben + Differenz

In der Objektorientierung werden Objekte durch Attribute und Methoden definiert. Attribute beschreiben die Eigenschaften und den Zustand eines Objektes. Über Funktionen kann eine Zustandsänderung der Objekte erreicht werden [FORB07, S. 12]. In Objekten wird eine **Kapselung** von Attributen und Methoden vorgenommen. In die Kapselung mit einbegriffen sind Unterobjekte, Eigenschaften, Zustände und Verknüpfungen mit anderen Objekten des Systems [SCHM09, S. 21]. Die Daten eines Objektes sind nach außen nicht sichtbar. Der Zugriff auf die gekapselten Attribute kann durch Methoden hergestellt werden.

Ähnliche Objekte können nach dem **Objekt-Klassen-Prinzip** zu Klassen zusammengefasst werden [FORB07, S. 13ff.]. Gleiche Attribute und Methoden, die für alle

Klassenmitglieder gelten, können in der Klasse definiert werden [SCHM09, S. 22]. Aus einer Klasse können Objekte instanziiert werden, die die Attribute und Methoden der Oberklasse besitzen.

Durch **Vererbung** kann eine Unterklasse zur Detaillierung einer Oberklasse modelliert werden. Die Unterklasse erbt die Definitionen der Oberklasse, kann diese spezifizieren oder überschreiben und/oder enthält zusätzliche Attribute und Methoden. Die Umsetzung der Methoden ist nicht zwangsläufig gleich für alle Unterklassen. Die unterschiedliche Umsetzung von Methoden wird Polymorphismus genannt. [SCHM09, S. 22; FORB07, S. 16] Eine Spanneinheit in einem Montagesystem hat bspw. die Methode „spannen". Unterklassen der Spanneinheit könnten eine kraftschlüssige Spanneinheit oder eine formschlüssige Spanneinheit sein. Beide führen die Methode „spannen" durch, allerdings mit unterschiedlichen technischen Prinzipien. Durch Polymorphie können Objekte abstrakt beschrieben oder sukzessive technisch spezifiziert werden.

Die Unified Modelling Langue (UML) hat sich als standardisierte Beschreibungssprache für die Darstellung objektorientierter Modelle durchgesetzt [MOTU08, S. 65]. Eine Auswahl möglicher Zusammenhänge zwischen Klassen in einem statischen Klassendiagramm sind in Bild 3.6 dargestellt. Eine Assoziation beschreibt eine Beziehung, während eine Aggregation und eine Komposition eine „Ist-Teil-von"-Verknüpfung sind [FORB07, S. 22-25]. Eine ausführliche Darstellung der UML kann u.a. Forbrig, Oestereich sowie Lares und Raymann entnommen werden [FORB07; OEST06; LAHR06].

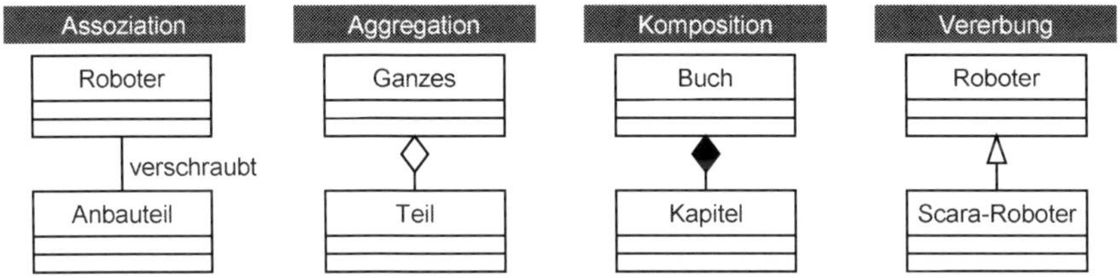

Bild 3.6: Übersicht grundlegender Klassenbeziehungen

Die Objektorientierung hat in der Softwaretechnik dazu geführt, dass Softwarelösungen entwickelt wurden, die ähnliche Eigenschaften wie modulare Produktarchitekturen aufweisen [GOEP98, S. 195; SCHM09, S. 20]. Wie in Kapitel 3.1 erläutert, zeichnet sich ein modulares Produkt durch seine funktionale und physische Unabhängigkeit aus. In der Softwaretechnik ist die physische Unabhängigkeit als Datenunabhängigkeit zu verstehen [GOEP98, S. 195-196]. Daher liegt es nahe, die Objektorientierung bei der Generierung modularer Systemarchitekturen zur Unterstützung anzuwenden [GOEP98, S. 196-197]. Hierbei sind vor allem eine Unterstützung der Entkopplung, der Wiederverwendbarkeit, der Austauschbarkeit, der Erweiterbarkeit sowie der Standardisierbarkeit gewünschte Systemeigenschaften. Nach Frager unterstützt die Objektorientierung bei einer „zweckmäßigen Modularisierung", die eine natürliche sowie eigenverantwortliche Struktur aufweist und eine „flexible Wiederverwendbarkeit“ bei automatisierten Produktionsanlagen ermöglicht [FRAG09, S. 67].

Im Rahmen dieser Arbeit wird nicht angestrebt, die Softwareobjektorientierung direkt auf die Gestaltung von Montagesystemen zu übertragen. Vielmehr soll das Grundverständnis der Objektorientierung genutzt werden, welches von Göpfert auch als „Paradigma der Objektorientierung“ bezeichnet wird [GOEP98, S. 192]. Dafür relevante objektorientierte Ansätze und Konzepte sind:

- Materielle und/oder abstrakte Gegenstände können durch Objekte modelliert werden [POET09, S. 2].
- Objekte agieren eigenverantwortlich, interagieren untereinander, arbeiten zusammen und können Aufgaben an andere Objekte delegieren [FRAG09, S. 67].
- Objektorientierung unterstützt die disziplinübergreifend funktionale Beschreibung technischer Systeme in verschiedenen Anwendungszusammenhängen [SCHM09, S. 20].
- Die Objektorientierung unterstützt dabei, in allen Entwicklungsphasen mit den gleichen Konzepten zu arbeiten [SCHM09, S. 20].
- Die Objektorientierung unterstützt bei der Entkopplung, der Wiederverwendung, der Austauschbarkeit, der Erweiterbarkeit und der Standardisierung von Objekten [GOEP98, S. 192ff.].

Eine wesentliche Eigenschaft einzelner Objekte ist die Eigenverantwortlichkeit, die auch als „modulare Autonomie“ bezeichnet werden kann [FRAG09]. Ein Objekt, das in diesem Kontext als Modul verstanden werden kann, hat eine oder mehrere Aufgaben, denen es nachkommt und für die es somit die Verantwortung trägt [LAHR06, S. 38]. Nach Möglichkeit ist das Prinzip „einer einzigen Verantwortung“ anzustreben, was dem Dekompositionsprinzip der Modularisierung entspricht.

Eine Technik, um das Prinzip der Eigenverantwortlichkeit bereits in einer frühen Entwicklungsphase umzusetzen, ist die CRC-Karten-Technik (CRC: Class, Responsibility, Collaborator, dt.: Klasse, Verantwortlichkeit, Partner). Der Name „Class-Responsibility-Collaborator“ lässt bereits auf den Einsatzzweck der Technik schließen, die im Jahr 1989 veröffentlicht wurde [FORB07, S. 191]. Mithilfe von Karteikarten, sog. CRC-Karten, werden die Verantwortlichkeiten erfasst, denen ein Objekt einer Klasse nachzukommen hat, und die Partner, mit denen es dafür kommunizieren muss.

Klassenname	
Verantwortlichkeiten (Responsibilities)	Partnerklassen (Collaborators)

Bild 3.7: CRC-Karte [FORB07, S. 193]

Auf der Rückseite der CRC-Karte wird die Klasse durch einen Kommentar beschrieben. **Verantwortlichkeiten** sind „die Menge der interpretierbaren Botschaften zusammen mit den dazu notwendigen Attributen“ [FORB07, S. 192]. In einer Gruppenrunde mit Fachexperten/-innen werden bei der CRC-Karten-Technik solange neue CRC-Karten eingeführt, bis alle Verantwortlichkeiten aufgeteilt sind und die Gesamtaufgabe des Systems erfüllt ist. Jeder der beteiligten Fachexperten ist für eine bestimmte Anzahl von CRC-Karten zuständig und repräsentiert die zugehörige Klasse. Jeder Fachexperte/-in kann im Rahmen der von ihm repräsentierten Verantwortlichkeiten und Interaktionsmöglichkeiten zur Erfüllung der Gesamtaufgabe beitragen. Durch die Diskussion in der Gruppenrunde kann so die Notenwendigkeit neuer Objekte, die Konsistenz und die Auswirkungen zusätzlicher Objekte in Anwendungsszenarien durchgespielt werden. Die CRC-Karten-Technik kann in der Phase der objektorientierten Analyse (OOA) und des objektorientierten Entwurfes (OOE) eingesetzt werden und stellt eine intuitive Technik dar, um technische Systeme in einer frühen Entwicklungsphase zu modellieren, hinsichtlich der Systemkonsistenz zu überprüfen und auch die Komplexität zu reduzieren.

Modellierung von Prozessen und Produktionssystemen

Objektorientierte Ansätze werden in verschiedenen Arbeiten zur Modellierung von Prozessen und Produktionssystemen genutzt. Im Folgenden werden Ansätze vorgestellt, welche die Objektorientierung für verschiedene Zielstellungen nutzen.

Bergholz hat das Ziel, die Methoden der objektorientierten Softwareentwicklung auf die Fabrikplanung zu übertragen Hierfür analysiert er die Analogien zwischen den Disziplinen der Softwareentwicklung und der Fabrikplanung und leitet daraus die objektorientierte Fabrikplanung ab [BERG05, S. 87]. Basierend auf dieser Betrachtung werden alle materiellen und immatriellen Bestandteile der Fabrikplanung mithilfe von Klassen abgebildet (Bild 3.8).

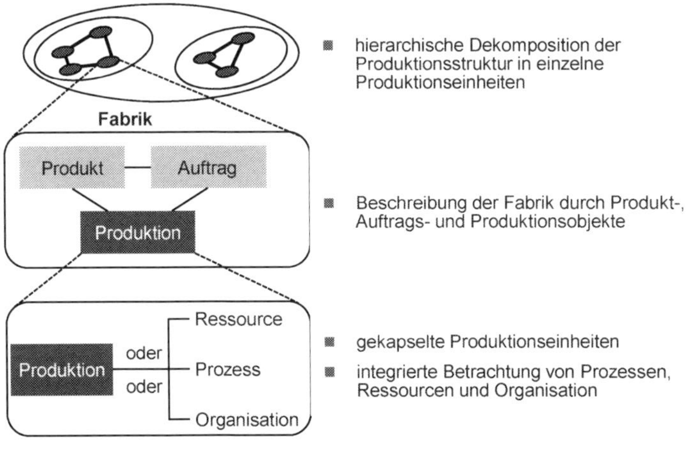

Bild 3.8: Objektorientierte Fabrikplanung [BERG05, S. 100, BERG05, S. 133]

Die Fabrik wird als Gebilde verstanden, in dem die Objekte Auftrag, Produkt und Produktion miteinander interagieren [BERG05, S. 113]. Die Produktion wiederum setzt sich aus Produktionseinheiten der Kategorien Ressource, Prozess oder Organisation zusammen, die verschiedenen Hierarchieebenen der Fabrik zugeordnet werden [BERG05, S. 128, BERG05, S. 133]. Bergholz hierarchisiert eine Fabrik in Bereiche, Linien und Stationen [BERG05, S. 128]. Die Prozessklassen werden für die Analysephase genutzt und für die eigentliche Gestaltung von Produktionssystemen in Ressourcen- und Organisationklassen überführt [BERG05, S. 131-135]. Das Vorgehen, um eine Prozessklasse, die er auch als „Prozess-Objekt" bezeichnet, in eine Ressourcen- und Organisationsklasse zu überführen, wird nicht erläutert. Die Beziehungen zwischen den Produktionseinheiten werden mithilfe objektorientierter Beziehungen wie bspw. Assoziationen, Kompositionen modelliert und der Ablauf der Produktion so durch die Interaktion der einzelnen Objekte beschrieben und in Klassendiagrammen dokumentiert [BERG05, S. 99-100]. Der Ansatz von Bergholz zur objektorientierten Modellierung und Planung einer Fabrik unterstützt bei der Strukturierung des Planungsprozesses [KOCH11, S. 75]. Da der Fokus der Arbeit auf der Fabrikplanung liegt, bleibt die Modellierung der Produktion auf einem sehr abstrakten Niveau.

Possel-Dölken entwickelt in seiner Arbeit ein Referenzmodell für Fertigungsleitsysteme. In diesem Referenzmodell werden alle Entitäten des Fertigungssystems in Klassenstrukturen berücksichtigt. Neben Komponenten-, Kalender- und Ereignisklassen werden Prozessklassen eingeführt [POSS06, S. 52ff.].

Jonas stellt ein objektorientiertes Datenmodell für Montagesysteme vor, das Produkt-, Vorgangs-, Ressourcen-Klassen sowie Verbindungsklassen beinhaltet [JONA00, S. 89]. Die Produktklassen, die Informationen über Hauptbaugruppen, Baugruppen sowie Einzelteile enthalten, sind über die Verbindungsklassen mit den Vorgangsklassen verknüpft. In den Vorgangsklassen wird der Montageprozess abgebildet, der mit den Ressourcenklassen verknüpft ist, welche das eigentliche Montagesystem abbilden. Die in der Klassenstruktur abgebildeten Daten werden im Kontext der Montageplanung genutzt, um einen einfachen Datenaustausch zwischen Produktentwicklung und Montageplanung zu ermöglichen [JONA00, S. 112]. Das Modell ermöglicht so eine Modellierung verschiedener Planungsalternativen [JONA00, S. 109].

Schreiber und Westkämper betonen die Notwendigkeit einer einheitlichen Beschreibung und Modellierung von Montageprozess und Montagesystemelementen. Sie stellen ein UML-Diagramm auf, mit dem die Fähigkeiten eines Montagesystems beschrieben werden können [WEST06b, S. 116]. Fähigkeiten umfassen die Grundfunktionen der Montage – Handhaben und Fügen – einschließlich möglicher Unterfunktionen. Durch die Nutzung der fähigkeitsbasierten Beschreibung des Prozesses und der Betriebsmittel soll eine einheitliche Beschreibung und somit eine einfachere Konfiguration in der Grobplanung ermöglicht werden. Die fähigkeitsbasierte Beschreibung wird von Kluge aufgegriffen, dessen Ansatz in Kapitel 3.3.2 dargestellt wird.

Zusammenfassend lässt sich festhalten, dass die Objektorientierung und die objektorientierte Modellierung einen erfolgversprechenden Ansatz zur Strukturierung und zur Abbildung von Montagesystemen darstellen.

3.3 Methoden zur Entwicklung von Montagesystemen

In diesem Kapitel werden Methoden zur Planung und zum Entwurf von Montagesystemen dargestellt. Zum einen werden in Kapitel 3.3.1 allgemeine Planungsmethoden betrachtet, welche eine Unterstützung für die grundsätzliche Vorgehensweise bieten. Zum anderen werden in Kapitel 3.3.2 für diese Arbeit forschungsrelevante spezifische Methoden dargestellt.

3.3.1 Allgemeine Methoden

Systematische Montageplanung nach Bullinger

Bullinger stellt im Handbuch „Systematische Montageplanung" einen Planungsleitfaden für die Entwicklung von Montagesystemen vor, der sich in vier Phasen untergliedert. Darüber hinaus betrachtet Bullinger die vorgelagerte Projektorganisation und die sich anschließende Realisierungs- und Betriebsphase, die hier nicht näher dargestellt werden (Bild 3.9).

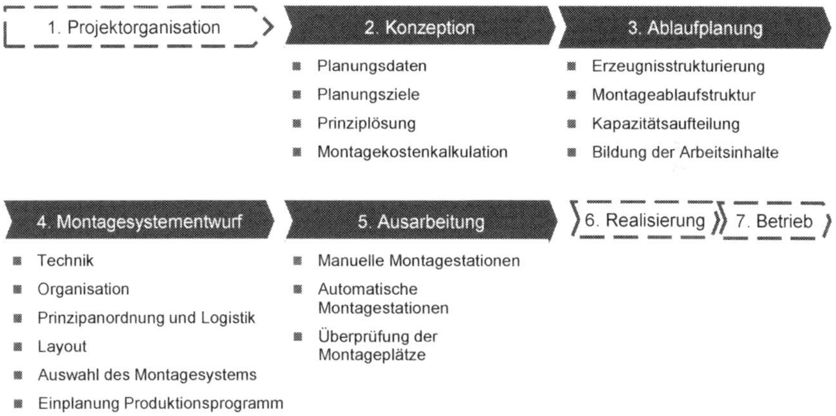

Bild 3.9: Planungsmethode nach Bullinger [BULL86, S. 51]

In der ersten Planungsphase, der **Konzeption**, werden alle planungsrelevanten Daten aufgenommen [BULL86, S. 57ff.]. Weiterhin werden die Aufgabenstellung der Planung sowie allgemeine Zielsetzungen für die Montageplanung definiert und priorisiert. Auf Basis der Planungsziele können erste Prinziplösungen anhand von charakteristischen Grundmerkmalen erarbeitet werden.

In der **Ablaufplanung** wird eine Erzeugnisgliederung vorgenommen, eine Ablaufstruktur mithilfe von Vorranggraphen dokumentiert sowie der Kapazitätsbedarf für „planungsrepräsentative" Typen und Varianten ermittelt [BULL86, S. 87ff.]. Die Montageprozesskette wird anhand eines Kriterienkatalogs in Montageabschnitte unterteilt, für die eine Kapazitätsteilung vorgenommen wird und die zur Umsetzung notwendigen technischen Ausführungen ermittelt werden können [BULL86, S. 129]. Zur Strukturierung des Gesamtsystems in Montageabschnitte formuliert Bullinger einen Kriterienkatalog (Bild 3.10). An dieser Montagestrukturierung richtet sich auch die Anordnung des Montagesystems aus.

Kriterien zum Zusammenfassen von Prozessabschnitten zu Montageabschnitten

- Gleichartigkeit der eingesetzten Technologien
- Baugruppenbildung
- gleiche Montagelage des Erzeugnisses bei der Ausführung der Teilverrichtungen
- Art der Bauteile (Größe, Menge, Gewicht ...)
- Gleichartigkeit von Teilverrichtungen
- Arbeitsgruppen je Teilverrichtung
- Auslastung kapitalintensiver Betriebsmittel
- Wiederverwendung bereits existierender Sonderbetriebsmittel
- Störanfälligkeit von Betriebsmitteln
- Erhaltung von Freiheitsgraden der Montagefolge
- physische und qualifikatorische Anforderungen

Bild 3.10: Ermittlung der Montagestruktur [BULL86, S. 129]

In der **Entwurfsphase** werden die technischen, räumlichen und organisatorischen Ausprägungen des Montagesystems festgelegt [BULL86, S. 148]. Dies umfasst die Organisation, die prinzipielle Anordnung, die Materialbereitstellung, das Layout sowie die Auswahl des Montagesystems [BULL86, S. 149-173]. Bei der Layoutplanung werden Prinzipanordnungen in Form von Ideallayouts den betrieblichen Gegebenheiten der vorliegenden Planungsaufgabe angepasst und sukzessive konkretisiert. Das anzustrebende, aber oftmals nicht vollständig umsetzbare Ideallayout wird so in ein realisierbares Layout überführt [BULL86, S. 186-189]. Es entstehen alternative Montagesystemkonzepte, von denen anschließend ein System ausgestaltet und installiert wird. Das gewählte Montagesystem wird anschließend hinsichtlich des Produktionsprogramms analysiert und eine Leistungsabstimmung wird hinsichtlich der Austaktung vorgenommen [BULL86, S. 223], [BULL86, S. 226ff.].

Die **Ausarbeitung beinhaltet** im Wesentlichen die Detailierung der manuellen, teilautomatischen und automatischen Arbeitsstationen [BULL86, S. 249ff.]. Änderungen an einzelnen Stationen können dabei möglicherweise andere Stationen beeinflussen und machen es erforderlich, dass im Anschluss das Gesamtsystem hinsichtlich seiner Konsistenz überprüft wird [BULL86, S. 300]. Anschließend erfolgt die Einsatzplanung des Montagepersonals [BULL86, S. 319]. Liegen alle Betriebsmittel vor, so kann der Aufbau mit der anschließenden **Realisierung** des Montagesystems erfolgen und der **Betrieb** beginnen.

Bullinger stellt eine Planungsmethode für Montagesysteme dar, bei der der Fokus auf der Planung liegt. Als Zielkriterien an das Montagesystem werden sowohl die Anpassungsfähigkeit an Produkt- als auch an Stückzahlveränderungen aufgeführt [BULL86, S. 68]. Ein Defizit der Planungsmethode ist, dass keine konkreten Maßnahmen vorgestellt werden, um diese Zielkriterien in der Planung umzusetzen. Für den Umgang mit Produktvarianz schlägt Bullinger die Untergliederung der Montage in variantenneutrale und -abhängige Abschnitte vor [BULL86, S. 129, BULL86, S. 280]. Darüber hinausgehend wird empfohlen, bei der Ablaufplanung mehrere Varianten einer Produktfamilie zu berücksichtigen [BULL86, S. 53]. Als Antwort auf die Anpassung an eine Stückzahlveränderung wird lediglich die Überdimensionierung von Montagestationen vorgeschlagen [BULL86, S. 67].

Planungsmethode nach Konold und Reger

Konold und Reger stellen eine Planungsmethode zur Entwicklung von Montagesystemen für „feinwerktechnische und elektrotechnische Produkte" vor [KONO03, S. V]. Bis zur Realisierungs- und Anlaufphase sind die vier Phasen Aufgabenstellung, Grobplanung, Feinplanung und Realisierung zu durchlaufen [KONO03, S. 32-33]. Die Vorgehensweise ist vereinfacht in Bild 3.11 dargestellt.

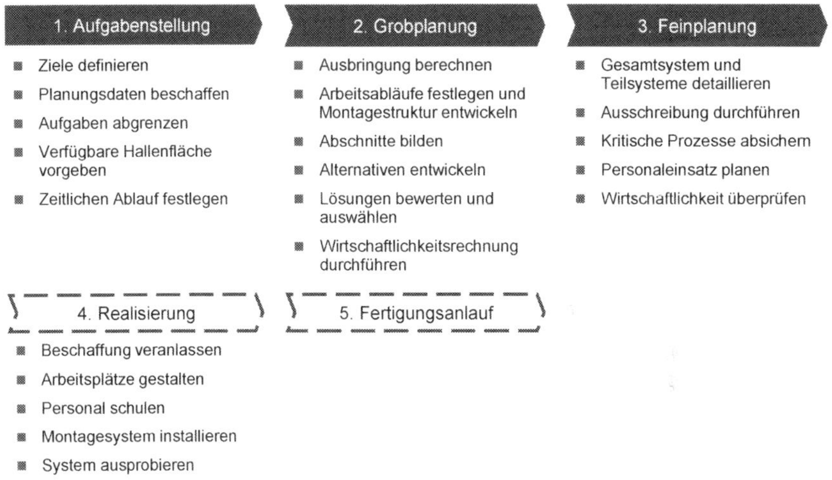

Bild 3.11: Planungsmethode nach Konold und Reger [KONO03, S. 32-33]

In der ersten Planungsphase wird die **Aufgabenstellung** geklärt, indem Ziele für die Montageplanung definiert und die relevanten Daten beschafft werden [KONO03, S. 33]. In dieser initialen Phase sollen auch Aspekte wie die der Erweiterungsmöglichkeit, der stufenweisen Automatisierung sowie der Umbaubarkeit bei Produktänderungen berücksichtigt werden [KONO03, S. 35]. Es wird allerdings kein Hinweis gegeben, wie dies erfolgen bzw. methodisch unterstützt werden kann.

In der zweiten Phase, der **Grobplanung**, wird zunächst die erforderliche Ausbringungsmenge des Systems ermittelt [KONO03, S. 39ff.]. Durch eine Analyse des Produktes wird die Montageaufgabe anschließend in einen Arbeitsablauf und in eine grobe Montagestruktur übersetzt. Dabei werden die einzelnen Teilaufgaben unter Berücksichtigung von Reihefolgenbedingungen in einem Vorranggraph dargestellt. Auf Basis dieser Arbeiten können anschließend Montageabschnitte abgeleitet werden. Hierbei werden anhand von Arbeits-, Mengen- oder Variantenteilung voneinander abgegrenzte Bereiche definiert, für die jeweils Systemalternativen konzipiert werden können.

Die Ausgestaltung der Montagesystemalternative wird anschließend in der **Feinplanung** vorgenommen [KONO03, S. 64ff.]. Diese umfasst Schritte zur Erstellung eines Pflichtenheftes, über die Ausschreibung zur Einbindung von Systemlieferanten bis hin zur Durchführung einer Wirtschaftlichkeitsrechnung. Auf die konstruktive Umsetzung von Montagesystemlösungen wird nicht eingegangen. Zur Auswahl von Montagesystemlösungen haben die Autoren einen umfangreichen Katalog mit auf dem Markt verfügbaren Lösungen zusammengestellt [KONO03, S. 154ff.].

Abschließend erfolgen in der Phase der **Realisierung** die Beschaffung und Konstruktion der erforderlichen Betriebsmittel sowie der eigentliche Aufbau des Montagesystems als Vorbereitung der Betriebsphase.

Der Fokus von Konolds und Regers Leitfaden mit dem Ziel einer „flexiblen Montagestruktur" liegt auf der Planung des Montagesystems einschließlich der Strukturierung und groben Konzeptionierung des Systems [KONO03, S. 32]. Auch der Systementwurf und die Umsetzung montagesystemspezifischer Komponenten, bspw. eines Werkstückträgers, werden dargestellt. Der Detaillierungsgrad der Ausarbeitung in der Feinplanung endet mit der Erstellung eines Pflichtenhefts. In der ersten Planungsphase wird empfohlen, Anforderungen an die „Montagesystem-Flexibilität" zu erfassen [KONO03, S. 35]. Maßnahmen zur Anpassung an Produkt- oder Stückzahlveränderungen werden allerdings im weiteren Planungsprozess nicht mehr aufgegriffen. Ein weiteres Defizit der Methode ist, dass modulare Montagesysteme und ihre Eigenschaften zwar dargestellt, in der weiteren Vorgehensweise aber nicht mehr berücksichtigt werden. Die Praxistauglichkeit und Anwendbarkeit steht bei dem von Konold und Reger dargestellten Vorgehen besonders im Vordergrund und wird durch Beispiele und einen Katalog mit Komponenten veranschaulicht [KONO03, S. 92, KONO03, S. 154ff.]. Hierbei werden auch Beispielanwendungen modularer Montagesysteme dargestellt, die, wie bereits erwähnt, nicht explizit im Entwicklungsprozess aufgegriffen werden [KONO03, S. 109].

Weitere allgemeine Ansätze zur Montagesystementwicklung

Weitere etablierte Vorgehensweisen zur Montageplanung werden von Eversheim sowie Lotter und Wiendahl vorgestellt [EVER89; LOTT06a, S. 407ff.]. Eversheim geht in ähnlichem Maß wie Bullinger auf den Umgang mit Produktvarianten ein [EVER89, S. 169]. Maßnahmen zur Anpassung an Produktveränderungen lassen sich daraus nicht ableiten. Für eine Stückzahlanpassung aufgrund einer sprunghaften Änderung sieht Eversheim keine Reaktionsmöglichkeiten in der Planung [EVER89, S. 163].

Lotter und Wiendahl fordern als Ergänzung zur bisherigen „klassischen Montagesystemplanung" die Planung „absatzsynchroner Montagesysteme" [LOTT06a, S. 415ff.]. Ein absatzsynchrones Montagesystem ist in der Anlaufphase „stückzahlflexibel", nach der Hochlaufphase „variantenatmend" und in der Auslaufphase „wiederverwendungsflexibel“ [LOTT06a, S. 416]. Wie dies in der Planung oder durch entsprechende Systemeigenschaften zu erreichen ist, wird von den Autoren nicht aufgezeigt.

3.3.2 Spezifische Methoden

In diesem Kapitel werden Methoden zur Montagesystementwicklung betrachtet, die mit Hinblick auf die Forschungsfrage und die in Kapitel 2.2 geschilderten Herausforderungen relevant sind.

Methodik zur fähigkeitsbasierten Planung modularer Montagesysteme nach Kluge

Kluge entwickelt eine Methodik zur Grobplanung von Montagesystemen, in der der Einsatz modular strukturierter Montagesysteme berücksichtigt bzw. sogar vorausgesetzt wird. Ein grundsätzlicher Fokus der Arbeit liegt auf dem Umgang mit unscharfen Produktinformationen in der Grobplanungsphase [KLUG11, S. 11]. Diese betreffen vornehmlich den Montagesystemhersteller, an den sich die vorgestellte Methodik als Unterstützung in der Angebotserstellung richtet [KLUG11, S. 36].

Ziel der Methodik ist es, bereits in der frühen Planung mehrere Systemalternativen zu konfigurieren und basierend auf einer technischen und wirtschaftlichen Bewertung geeignete Alternativen auswählen zu können. Die Konfiguration von Montagesystemalternativen erfolgt mithilfe eines bestehenden Modulbaukastens. Der Branchenfokus liegt in Kluges Arbeit auf einer variantenreichen Serienmontage für Produkte mit einem Gewicht von bis zu 20 kg und Werkstückträgerabmaßen von 300x400 mm bis 600x800 mm [KLUG11, S. 67-68].

Die Kernidee der Methodik ist eine funktionale Beschreibung der vom Produkt induzierten Montageprozesse auf der einen und der Montageressourcen auf der anderen Seite. Diese soll bei der Konfiguration der Montagesystemmodule unterstützen. Ein ähnlicher Ansatz wird von Loferer gewählt, dessen Planungsmethode ebenfalls in diesem Kapitel vorgestellt wird. Kluges Methodik ist in vier Phasen unterteilt. Er ordnet die vier Schritte seiner Planungsmethode in die allgemeine Planungsmethode von Konold und Reger ein, die in Kapitel 3.3.1 vorgestellt worden ist und den gleichen Branchenfokus hat [KLUG11, S. 72, KLUG11, S. 121]:

1. Methode zur Entwicklung von Szenarien
2. Generische Beschreibungsmethode
3. Methode zur Alternativengenerierung
4. Szenariobasierte Bewertungssystematik

Im ersten Schritt, der **Entwicklung von Szenarien**, werden in Workshops mit dem Montagesystemhersteller und dem -anwender Szenarien entwickelt [KLUG11, S. 76]. Dabei werden Entwicklungsmöglichkeiten für das Produkt und die Stückzahlen oder die Ressourcenpreise durch die Ableitung von Trend- und Extremszenarien ermittelt und mit der Unternehmensstrategie abgeglichen [KLUG11, S. 74ff., KLUG11, S. 122].

Mithilfe der **generischen Beschreibungsmethode**, die im zweiten Planungsschritt eingesetzt wird, können Montageprozesse und -ressourcen in einer einheitlichen Beschreibungssprache abgebildet werden. Die zur Beschreibung verwendeten „Fähigkeiten“ basieren auf der VDI-Richtlinie 2860 und der DIN-Norm 8593 [KLUG11, S. 77ff.]. Die Zuordnung zwischen dem Prozess und den Montageressourcen erfolgt über einen Abgleich der Fähigkeiten und unterstützt bei der Konfiguration des Montagesystems. Eine Voraussetzung für die Beschreibung der Montagesystemressourcen mithilfe der Fähigkeiten ist, dass das Montagesystem aus einzelnen Montagesystemmodulen zusammengesetzt ist (Bild 3.12, linke Seite). Die Prozessbeschreibung unterstützt zusätzlich bei der Ableitung der Ablaufstruktur (Bild 3.12, rechte Seite) [KLUG11, S. 92].

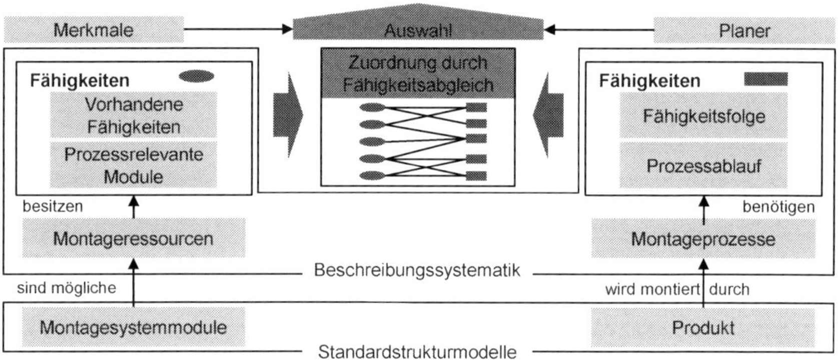

Bild 3.12: Fähigkeitsmodell für Prozesse und Ressourcen [KLUG11, S. 79]

Im dritten Schritt, der **Alternativengenerierung**, wird zunächst der Prozessablauf erstellt, aus dem eine Fähigkeitsfolge abgeleitet werden kann. Anschließend wird das Montagesystem durch einen Abgleich der prozessseitig benötigten Fähigkeiten mit den ressourcenseitig vorhandenen Fähigkeiten konfiguriert [KLUG11, S. 103-106]. Zur Zuordnung der Fähigkeiten zu bestehenden Montagesystemmodulen wird eine datenbankbasierte Softwarelösung verwendet. Auf Basis der Stückzahlszenarien werden zusätzlich rechnergestützt mögliche Kombinationen aus Konfigurationen für den gesamten Lebenszyklus abgeleitet, die als „Alternativenfeld“ bezeichnet werden. Wie die für die Ausbaustufen und Ausbaustufenfolgen notwendige Layoutgenerierung oder andere zur Montageplanung notwendigen Schritte erfolgen, wird nicht erläutert.

Im vierten Schritt, der **szenariobasierten Bewertungssystematik**, werden die Alternativen mithilfe einer Systemwertbetrachtung und einer Kostenbetrachtung bewertet [KLUG11, S. 106ff.].

Kluges Methode bietet einen fundierten Ansatz zur Entwicklung und Bewertung von stückzahlskalierbaren Lösungen, die mithilfe eines bestehenden modularen Baukastensystems konfiguriert werden können. Voraussetzung ist ein modularer Systembaukasten, der eine ausreichende Anpassungsfähigkeit bereitstellt. Ein Defizit dieser Planungsmethode ist, dass bei der Generierung von Systemalternativen davon ausgegangen wird, dass eine hochmodulare Montagesystemstruktur vorliegt, bei der einzelne Module aufwandsarm ausgetauscht werden können. Dies wird insbesondere in dem dargestellten Anwendungsbeispiel deutlich, in dem ein Montagesystem aus weitestgehend autarken Montagezellen eingesetzt wird [KLUG11, S. 137ff.]. Wie die Planung und der Ausbau der Systemalternativen für die verschiedenen Ausbaustufen vollzogen werden kann, wird nicht dargestellt. Es wird davon ausgegangen, dass der Ausbau im Fall einer Stückzahlveränderung mit den vorhandenen Montagesystemmodulen vollzogen werden kann. Die hochmodulare Struktur wird als Reaktionsmöglichkeit zur Anpassung an produktseitige Veränderungen angeführt [KLUG11, S. 87]. Dabei wird jedoch vernachlässigt, dass eine Produktveränderung mehr als einzelne Prozessmodule beeinflussen kann. Im letzten Schritt werden keine konkreten Bewertungskriterien vorgestellt, mit denen die Produkt- und/oder Stückzahlanpassungsfähigkeit eines Montagesystems quantitativ bemessen und verglichen werden kann/können, denn die vorgestellten Kriterien sind zu allgemeingültig formuliert.

Risikoreduzierte Endmontageplanung in der Automobilindustrie nach Weyand

Weyand entwickelt eine Methode für die frühe Phase der Montageplanung, mit der er vor allem die Wiederverwendung bestehender Betriebsmittel sowie eine Flexibilisierung der Ausbringungsmenge anstrebt [WEYA10, S. 3]. Die Planungsvorgehensweise sowie die Anwendungsbeispiele der Arbeit fokussieren die Automobilendmontage. Sie ist allerdings in weiten Teilen allgemein gehalten und hat deswegen grundsätzliche Relevanz.

Der vorgestellte Planungsansatz baut auf bestehenden Ansätzen zur Montageplanung auf [WEYA10, S. 46]. Weyand legt einen sehr pragmatischen Planungsablauf zugrunde, ohne hierbei auf wissenschaftliche Vorarbeiten zu verweisen [WEYA10, S. 46ff.]. Der geschilderte Planungsablauf bietet eine kompakte Zusammenfassung der in der Praxis durchgeführten Schritte und wird mit Beispielen aus der Automobilendmontage anschaulich dargestellt (Bild 3.13, linke Seite). Weyand fokussiert in seiner Methode die Planungsschritte der Prozessplanung, der Ressourcenabschätzung, der Wiederverwendungs- und Ressourcenbedarfsplanung sowie der Stückzahlflexibilitätsbetrachtung (Bild 3.13).

Im ersten Schritt, der **Prozessplanung**, werden eine Referenzvariante sowie zusätzliche Varianten, für die Abweichungen zu erwarten sind, berücksichtigt. Die Produktvarianten werden hinsichtlich der aus „montagetechnischer Sicht" relevanten Aspekte untersucht [WEYA10, S. 66]. Die so ermittelten variantenbedingten Abweichungen des Prozesses werden in der Prozessplanung mithilfe von Prozessgraphen abgebildet. Ein Prozessgraph ist ein Hilfsmittel, mit dem Restriktionen bzgl. des Montagevorranggraphen visuell dargestellt werden [WEYA10, S. 70-72]. Darüber hinaus werden von der Referenzvariante abweichende und zusätzlich benötigte Prozessschritte erfasst. Bei alternativen Prozessen wird zwischen Zeit- und Technikvarianz als Ursache für den Alternativprozess unterschieden [WEYA10, S. 72]. Anhand des Prozessgraphen können kritische Bereiche bereits vor der Ressourcenplanung analysiert werden.

In Schritt 2, der **Ressourcenabschätzung,** wird der Prozessgraph in einen Ressourcengraph überführt. Hierbei handelt es sich zunächst um eine eins-zu-eins Zuordnung, mit der die Verknüpfung zwischen den Prozessen und den Betriebsmitteln hergestellt wird [WEYA10, S. 78ff.]. Anhand des Ressourcengraphs wird die variantenbedingte Anzahl unterschiedlicher Betriebsmittel ermittelt.

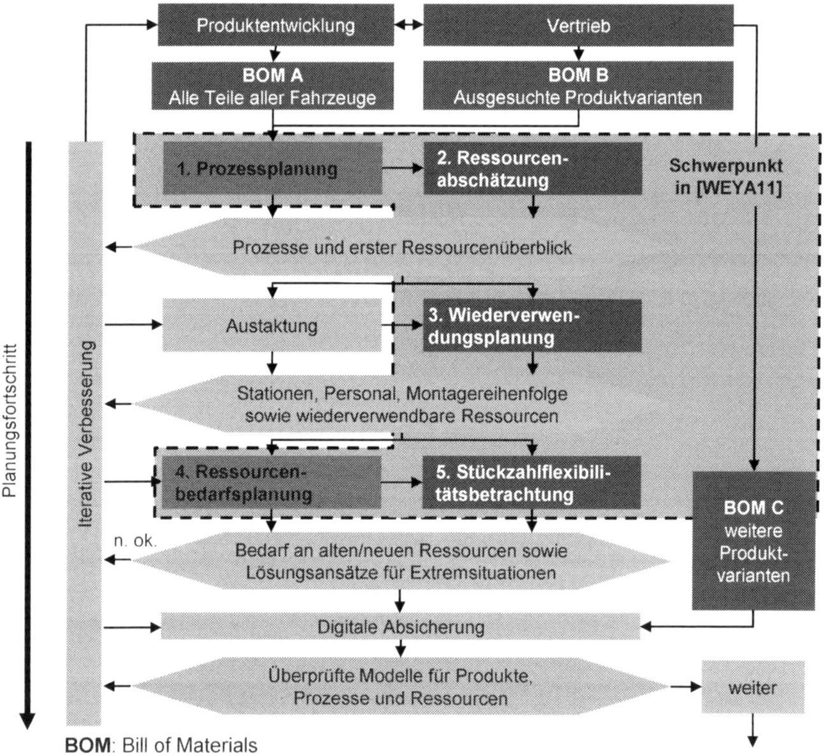

Bild 3.13: Planungsansatz für die frühe Endmontageplanung [WEYA10, S. 64]

In Schritt 3, **Wiederverwendung von Ressourcen**, wird überprüft, inwiefern bestehende Betriebsmittel wiederverwendet werden können. Als Hilfsmittel hierfür wird ein Formblatt vorgestellt, das bei der Wiederverwendungsplanung unterstützen soll.

Nach der **Ressourcenplanung** (Schritt 4) wird in Schritt 5 die **Stückzahlflexibilitätsbetrachtung** vorgenommen. Dafür werden prinzipielle Möglichkeiten zu der stationsorientierten Volumensteigerung und -reduzierung aufgezeigt [WEYA10, S. 87ff.].

Diese lassen sich auf die drei prinzipiellen Maßnahmen zurückführen:

1. Einbringen/Reduzieren von Parallelstationen
2. Änderung der Anzahl der Mitarbeiter
3. Erhöhung/Reduzierung des Automatisierungsgrades

Darüber hinaus wird unterschieden, ob die Maßnahmen für manuelle, teilautomatische oder automatische Stationen durchgeführt werden.

Weyand beschreibt Schritte, die in der frühen Planungsphase ansetzen, und legt den Schwerpunkt auf die Prozessplanung. Im Vordergrund stehen die Auswirkungen verschiedener Produktvarianten. Stückzahlbedingte Änderungen des Montagesystems werden nur am Rande betrachtet. Für die Erfassung der aus der Produktvarianz resultierenden Anforderungen werden pragmatische Werkzeuge vorgestellt, mit denen die Auswirkungen von Produktvarianz und somit auch mögliche Produktveränderungen auf den Prozess und das Betriebsmittel abgebildet werden können. Die daraus resultierenden Maßnahmen für die Planung und zur Umsetzung von Betriebsmitteln werden allerdings stellenweise zu allgemeingültig beschrieben. So wird als Handlungsempfehlung zur Reaktion auf eine hohe Varianz bspw. die Anschaffung flexibler Ressourcen empfohlen [WEYA10, S. 81]. Die vorgestellten Maßnahmen zur Anpassung an eine Stückzahlveränderung durch die Anpassung einzelner Montagestationen werden losgelöst betrachtet, ohne Auswirkungen einer Umtaktung oder die wechselseitige Beeinflussung benachbarter Stationen mit einzubeziehen. Trotz des Betrachtungsschwerpunktes auf einer variantenreichen Prozess- und Wiederverwendungsplanung von Betriebsmitteln sowie einer Stückzahlflexibilitätsbetrachtung wird der Einsatz modularer Montagesysteme in der Arbeit nicht betrachtet.

Leitfaden zur Konzeption zukunftsstabiler Montagesysteme nach Witte und Vielhaber

Witte und Vielhaber stellen einen Leitfaden für die Montageplanung auf, mit dem Montagesysteme so gestaltet werden sollen, dass sie aufwandsarm an veränderte Stückzahlen oder ein verändertes Produktspektrum angepasst werden können [WITT03, S. 2, WITT03, S. 5]. Eine Übersicht über den sechsschrittigen Leitfaden ist in Bild 3.14 dargestellt.

Der erste Schritt zur **Aufnahme der Ausgangssituation, der Randbedingungen und der Ermittlung planungsrelevanter Daten** umfasst das Zusammenstellen der Informationen über die Produkte, aktuell eingesetzte Montagesysteme, die Arbeitsorganisation, die Montagelogistik und die Ablaufsteuerung, die EDV-Systeme sowie die Wirtschaftlichkeitsrechnung [WITT03, S. 12].

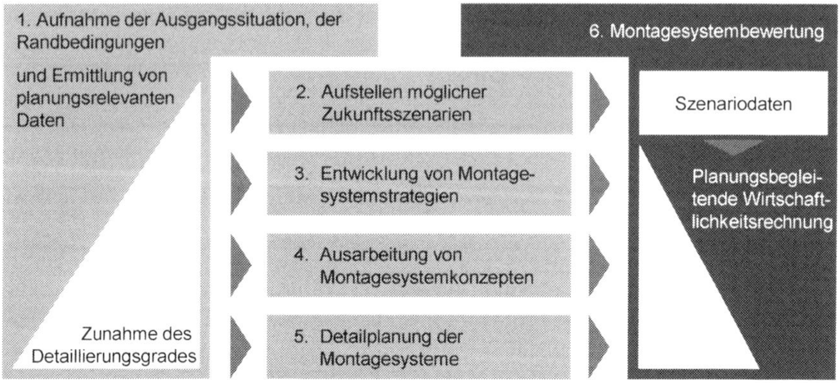

Bild 3.14: Entwicklung zukunftsstabiler Montagesysteme [WITT03, S. 7]

Der zweite Schritt, das **Aufstellen möglicher Zukunftsszenarien,** stellt den Kernaspekt des Leitfadens dar [WITT03, S. 6ff.]. Hierfür werden zum einen Betriebsszenarien betrachtet, welche die Entwicklung von Rahmenbedingungen des Unternehmens berücksichtigen. Diese umfassen Personalkostensätze, die Entwicklung von Energie- und Flächenkosten oder Zinsentwicklungen. Zum anderen werden Produktszenarien aufgestellt, welche Veränderungen des Produktspektrums und die Stückzahlveränderungen umfassen. Diese sollen auch mögliche zukünftige Änderungen von Produktmerkmalen und deren Auswirkungen auf das Montagesystem berücksichtigen [WITT03, S. 18]. Beim Aufstellen von Stückzahlszenarien empfehlen Witte und Vielhaber die Erfassung eines pessimistischen, eines wahrscheinlichen und eines optimistischen Stückzahlverlaufes [WITT03, S. 19].

Die aus den ersten beiden Schritten resultierenden Anforderungen und Prämissen an das Montagesystem fließen in der dritten Planungsphase in eine Montagestrategie für das zu planende Montagesystem ein. Für die **Entwicklung von Montagesystemstrategien** werden „strategiebestimmende Merkmale" in den Kategorien Markt und Produkt, Personal, Technik sowie Finanzierung aufgestellt. [WITT03, S. 22]. Hinsichtlich der strategiebestimmenden Merkmale der Flexibilität wird zwischen der Anlagen- und der Nachfolgeflexibilität sowie der kurzfristigen Stückzahl- und Variantenflexibilität unterschieden [WITT03, S. 23-29]. Die Anlagen- und die Nachfolgeflexibilität beschreiben die Fähigkeit, langfristige Maßnahmen zur Stückzahl- und Produktanpassung des Systems vorzunehmen. Die Stückzahl- und die Variantenflexibilität beschreiben den Flexibilitätskorridor, der ohne Umbaumaßnahmen abgerufen werden kann. Konkrete Maßnahmen, mit denen diese Flexibilitätsdimensionen im Montagesystem umgesetzt werden können, werden nicht vorgestellt.

In Schritt 4, der **Ausarbeitung von Montagesystemkonzepten**, unterscheiden Witte und Vielhaber zwischen den vier eng verknüpften Bereichen Personal, Organisation und Logistik, technisches System sowie Information und Kommunikation. [WITT03, S. 39]. Zur Auslegung des Montagesystems sollen Produktszenarien und Stückzahlszenarien bei der Ermittlung der Taktzeit berücksichtigt werden [WITT03, S. 60]. Wie dies genau erfolgt, wird nicht dargestellt. Die Planungsschritte zur Gestaltung von technischen Lösungsalternativen orientieren sich weitestgehend an den allgemeinen Planungsmethoden, die in Kapitel 3.3.1 vorgestellt worden sind. Wie auch Weyand schlagen Witte und Vielhaber eine Wiederverwendungsplanung bestehender Prozess- und Arbeitsplatzmodule vor [WITT03, S. 62].

Auf die **Detailplanung der Montagesysteme** in Schritt 5 wird in der Methode nicht näher eingegangen. Eine durchgängige Betrachtung von Planung und Systementwurf des Montagesystems erfolgt somit nicht.

Die **planungsbegleitende Wirtschaftlichkeitsrechnung** in der sechsten Planungsphase verläuft parallel zu den fünf technisch orientierten Planungsphasen. Hierzu wird eine Methode vorgestellt, die den Einsatz mehrerer Montagesystemalternativen im Lebenszyklus berücksichtigt. Die Wirtschaftlichkeit wird auf Basis der im ersten Planungsschritt zugrunde gelegten Produkt- und Betriebsszenarien vorgenommen [WITT03, S. 163]. Dabei werden auch szenariobasierte Eingangsdaten wie bspw. Anlaufkurven berücksichtigt, die das Ergebnis maßgeblich beeinflussen [WITT03, S. 165].

Der von Witte und Vielhaber aufgestellte Leitfaden zur Entwicklung zukunftsstabiler Montagesysteme thematisiert anwendungsbezogen die Planungsvorbereitung und vor allem die Wirtschaftlichkeitsrechnung. Es wird anschaulich aufgezeigt, wie Anforderungen an mögliche Produkt- und Stückzahlveränderungen aufgenommen und beschrieben werden können. Eine methodische Unterstützung zur Planung und zum Entwurf flexibler Systeme wird allerdings nur ansatzweise dargestellt. Die vorgestellten Schritte zur Planung und zum Entwurf des Montagesystems gehen im Wesentlichen nicht über die Schritte der allgemeinen Planungsansätze hinaus, die in Kapitel 3.3.1 dargestellt worden sind. Die technische Umsetzung anpassungsfähiger Montagesystemlösungen sowie der Einsatz modularer Montagesysteme bleiben ebenfalls weitestgehend unberücksichtigt. Hinsichtlich der Praxistauglichkeit ist anzumerken, dass die vorgestellten Planungsschritte durch eine Vielzahl von Checklisten und Arbeitshilfen gut in der Montagepraxis eingesetzt werden können [WITT03, S. 189ff.].

Rechnergestützte Konfiguration von Montagesystemen nach Loferer

Die bisher vorgestellten Methoden fokussieren primär den Entwicklungsprozess von der Planungsvorbereitung bis zur Detail- bzw. Systemplanung. Loferers Entwicklungsmethodik thematisiert die Konfiguration der Einzelkomponenten einer Montagestation. Seine Methode „Rechnergestützte Konfiguration von Montagesystemen“ ist von Relevanz für diese Arbeit, weil er auf die Modularisierung von Montagekomponenten und die Anpassung von Montagekomponenten aufgrund von Produktveränderungen in der Konfigurationsphase eingeht. Seine Vorgehensweise ist in vier Schritte untergliedert, die im Folgenden erläutert werden [LOFE02, S. 90ff.]:

1. Beschreibung des Montageablaufs
2. Auswahl und Konfiguration der Montagekomponenten des Montagesystems

3. Kombination der Montagekomponenten zu Modulen
4. Anpassung der Montagekomponenten

Die **Beschreibung des Montageablaufs** im ersten Schritt erfolgt mithilfe der Elementarfunktionen der VDI-Richtlinie 2860, wodurch der Prozessablauf in eine funktionale Beschreibung überführt wird [LOFE02, S. 90-93].

Diese wird im zweiten Schritt genutzt, um die **Auswahl und Konfiguration der Montagekomponenten** des Montagesystems vorzunehmen [LOFE02, S. 94]. Hierfür wird eine Konfigurationslogik vorgestellt, mit der ausgehend von der Beschreibung der Montageaufgabe aus Schritt 1 einzelne Montagekomponenten ausgewählt werden. Für die Auswahl der einzelnen Montagekomponenten werden Eigenschaften der Elementarfunktionen, d.h. Prozesseigenschaften, und Produkteigenschaften, bspw. Bauteilform, Ruhe- und Förderverhalte, mit einbezogen. Wesentlich ist die Erkenntnis, dass die Produkteigenschaften im fortschreitenden Entwicklungsstadium zunehmend präzisiert oder geändert werden und so den Lösungsraum geeigneter Einzelkomponenten einschränken [LOFE02, S. 97].

Im dritten Schritt, der **Kombination der Montagekomponenten zu Modulen**, werden die Einzelkomponenten, die einzelne Elementarfunktionen umsetzen, zu Modulen aggregiert. Die Vorgehensweise bei der Modularisierung und Umsetzung von „Funktionsblöcken“ wird nicht näher erläutert. Hierfür wird auf Erfahrungswerte aus Vorgängerprojekten verwiesen [LOFE02, S. 98].

Im vierten Schritt werden **Anpassungen der Montagekomponenten** vorgenommen, die sich aufgrund des zunehmenden Detailierungsgrades des zu montierenden Produktes oder aufgrund von Produktveränderungen ergeben [LOFE02, S. 99ff.]. Loferer unterscheidet im Entwicklungsprozess zwischen den an der Montageplanung und den am Montagesystementwurf bzw. der Konstruktion beteiligten Akteuren. Diese beiden Seiten führen einen Planungs- und Entwurfsprozess durch, der zu einer „schrittweisen Erweiterung, Detaillierung und Anpassung des gemeinsamen Produkt- und Prozessmodells“ führt. Die Herausforderung bestehe darin, dass eine Produktveränderung „quasi einer Neuplanung“ gleichkomme. Um den Aufwand in Folge einer Produktveränderung zu reduzieren, sollten für den Systementwurf Standardbausteine, sog. Montagebausteine, verwendetet werden. Diese Standardbausteine beschreiben eine Oberklasse ähnlicher Lösungen, die innerhalb bestimmter Parameter angepasst werden können, bspw. eine Speicherkomponente, die als Trommel- oder Stangenmagazin ausgeführt werden kann. Diese Standardbausteine, die durch bestimmte Eigenschaften in gewissen Grenzen unterschiedlich ausgeprägt werden können, sollen es ermöglichen, die Montagekomponenten sukzessive zu detaillieren und auf Produktänderungen zu reagieren.

Um den für die Konfigurationslogik benötigten Zusammenhang zwischen dem Produkt und dem Produktionsmittel herzustellen, stellt Loferer eine Verknüpfung zwischen dem Produkt, dem Prozess und dem Produktionsmittel her. Grundlage hierfür ist eine funktionale Beschreibung von Funktionselementen, die zwischen dem Produkt und dem Produktionsmittel bestehen [LOFE02, S. 104]. Eine Greifeinheit hat bspw. das Funktionselement Greifkraft. Dieses Funktionselement ist mit den produktseitigen Funktionselementen Gewicht, Oberfläche und Festigkeit verknüpft, welche für die Auswahl eines geeigneten Greifers relevant sind. Weitere Funktionselemente sind Funktionsflächen wie Zentrier- oder Greifflächen [LOFE02, S. 105]. Die so generierte Konfigurationslogik soll auch beim Aufbau eines Baukastensystems unterstützen, aus dem einzelne Komponenten ausgewählt werden können [LOFE02, S. 115ff.].

Die von Loferer vorgestellte Methode eignet sich zur Konfiguration einzelner Montagesystemkomponenten auf Stations- und Prozessmodulebene. Zur Auswahl und zur Detaillierung der Montagesystemkomponenten wird der Zusammenhang zwischen den Produkteigenschaften, der Prozessbeschreibung und einzelnen Montagekomponenten genutzt. Ein Defizit für die Zielstellung dieser Arbeit ist, dass lediglich aufgezeigt wird, wie eine Anpassung von Montagekomponenten aufgrund von Produkt- oder Montagetechnologieveränderungen bei der Erstkonfiguration erfolgen kann. Die Änderung des Montagesystems bei einer späteren Rekonfiguration wird nicht betrachtet. Die Notwendigkeit einer Anpassung auf Stückzahlveränderungen wird zwar angesprochen, aber nicht thematisiert. Insgesamt bietet die von Loferer beschriebene Konfigurationslogik eine fundierte methodische Unterstützung in der Systementwurfs- bzw. Konstruktionsphase bei der Konfiguration von Montagesystemkomponenten, jedoch lediglich eine geringe Unterstützung im gesamten Planungsprozess eines Montagesystems.

3.3.3 Zwischenfazit Entwicklungsmethoden

Die in Kapitel 3.3.1 betrachteten allgemeinen Methoden geben einen Überblick über alle Phasen der Entwicklung von der Planungsvorbereitung bis hin zur Realisierung und Inbetriebnahme. Ein Vergleich der allgemeinen Entwicklungsmethoden zeigt, dass diese untereinander eine große Übereinstimmung aufweisen [KLUG11, S. 47]. Lediglich die Bezeichnung und die Zuordnung der Schritte zu den Grobphasen sind nicht konsistent. Demnach kann der Entwicklungsprozess eines Montagesystems grob in vier Phasen unterteilt werden:

1. Planungsvorbereitung
2. Grobplanung
3. Systemplanung
4. Feinplanung & Systementwurf

Die in Kapitel 3.3.2 betrachteten spezifischen Methoden setzen gemäß ihrer Zielstellung unterschiedliche Schwerpunkte, haben aber bis auf Loferers und Weyands Methoden gemein, dass sie hauptsächlich die Phasen der Planungsvorbereitung und der Grobplanung fokussieren. In Bild 3.15 sind die Planungsmethoden zusammenfassend gegenübergestellt, die sich weitestgehend mit dem gesamten Entwicklungsprozess beschäftigen.

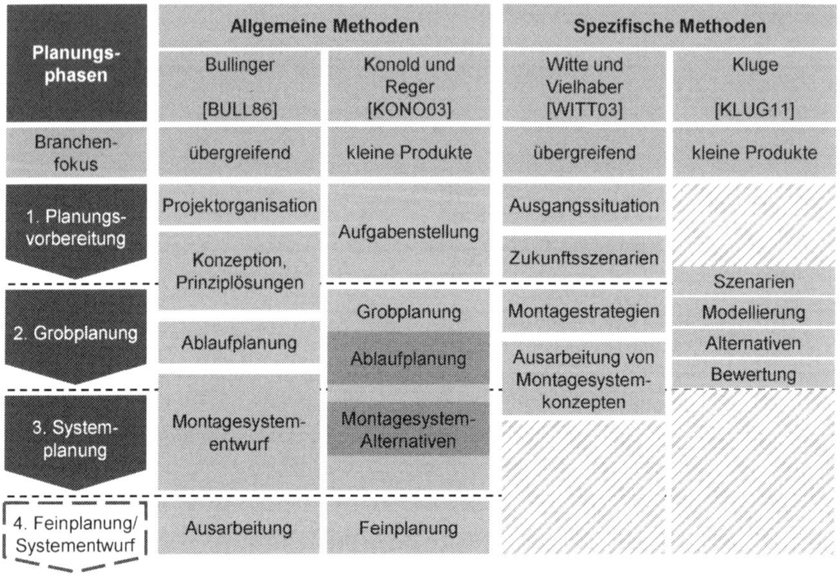

Bild 3.15: Zusammenfassung und Gegenüberstellung der Entwicklungsmethoden

3.4 Fazit und Bewertung des Standes der Technik

In Kapitel 3.1 konnte festgestellt werden, dass die Modularisierung und gerade das Verständnis einer modularen Systemstruktur und der funktionalen Unabhängigkeit Grundvoraussetzungen eines wandlungsfähigen Systems sind. Darüber hinaus kann festgehalten werden, dass es derzeit keine Modularisierungsansätze gibt, die explizit die Gestaltung von Montagesystemen für den Betrachtungsraum dieser Arbeit thematisieren.

In Kapitel 3.2 wurden Grundlagen und Ansätze der Objektorientierung analysiert, die bei der Umsetzung einer zweckmäßigen Modularisierung hinsichtlich der Zielstellung dieser Arbeit unterstützen. Mithilfe der dargestellten objektorientierten Ansätze werden in der Softwaretechnik Strukturen realisiert, die zu einer Steigerung der Wiederverwendbarkeit und Rekonfigurierbarkeit führen. Als Methode, die in der objektorientierten Analyse zur Umsetzung eigenverantwortlicher Objekte und zur intuitiven Überprüfung eines Systementwurfs in der frühen Entwicklungsphase eingesetzt wird, wurde die CRC-Karten-Technik vorgestellt.

In Kapitel 3.3 wurden Methoden zur Entwicklung von Montagesystemen analysiert. Nach Betrachtungsfokus und Schwerpunkt konnte hier zwischen allgemeinen und für diese Arbeit relevanten spezifischen Methoden unterschieden werden. Die betrachteten Methoden werden im Folgenden zusammengefasst und hinsichtlich der Zielstellung dieser Arbeit bewertet. Die Bewertung erfolgt anhand von sieben Kriterien, die in Bild 3.16 dargestellt sind. Mit den Kriterien 1-4 wird zunächst dargestellt, in welchen

Entwicklungsphasen die einzelnen Methoden unterstützen (vgl. Kapitel 3.3.3). Darüber hinaus wird hinsichtlich des praktischen Handlungsbedarfes dieser Arbeit (vgl. Kapitel 2.2) anhand der Kriterien 5-7 untersucht, inwieweit die direkten Wandlungstreiber Produkt-, Stückzahl- und die Montagetechnologieveränderungen im Entwicklungsprozess berücksichtigt werden.

Bewertungskriterien \ Planungsmethoden		Allgemeine Methoden				Spezifische Methoden			
		Systematische Montageplanung nach Bullinger	Praxis der Montagetechnik - Planungssystematik nach Konold und Reger	Planung von Montagesystemen nach Eversheim	Montage in der industriellen Produktion nach Lotter	Planung modularer Montagesysteme nach Kluge	Risikoreduzierte Endmontageplanung nach Weyand	Konzeption zukunftsstabiler Montagesysteme nach Witte und Vielhaber	Rechnergestützte Gestaltung von Montagesystemen nach Loferer
	Quelle	[BULL86]	[KONO03]	[EVER89]	[LOTT06]	[KLUG11]	[WEYA11]	[WITT03]	[LOFE02]
Unterstützung in den Entwicklungsphasen	1. Unterstützung bei der Planungsvorbereitung	●	●	●	◑	◕	○	●	○
	2. Unterstützung bei der Grobplanung	●	●	●	◑	◔	◔	◑	○
	3. Unterstützung bei der Systemplanung	●	●	◑	◕	○	◑	◔	◔
	4. Unterstützung bei der Feinplanung und dem Sytementwurf	◔	◑	◔	◑	○	○	○	◕
Relevanz für die Zielstellung dieser Arbeit	5. Berücksichtigung von Schritten zur Anpassung an Produktveränderungen	◔	◔	◔	○	◔	◑	◔	◑
	6. Berücksichtigung von Schritten zur Anpassung an Stückzahlveränderungen	◔	◔	○	◔	◑	◔	◑	○
	7. Berücksichtigung von Schritten zur Anpassung an eine geänderte Montagetechnologie	○	○	○	○	○	○	○	◑

Legende: Erfüllungsgrad
● = vollständig ◕ = weitestgehend ◑ = teilweise ◔ = eingeschränkt ○ = nicht erfüllt

Bild 3.16: Bewertung der untersuchten Entwicklungsmethoden

Ein Defizit aller untersuchten Methoden im Hinblick auf die Zielstellung dieser Arbeit ist, dass prognostizierte Produkt- und Stückzahlveränderungen überwiegend in der Planungsvorbereitung berücksichtigt werden. Hierbei ist die Methode von Witte und Vielhaber hervorzuheben, da diese eine strukturierte Unterstützung in der Phase der Planungsvorbereitung bietet. Die so erfassten Anforderungen an die benötigte Wandlungsfähigkeit eines Montagesystems werden bei allen betrachteten Methoden jedoch nur unzureichend in den Phasen der Grob- und Systemplanung sowie des Systementwurfs umgesetzt. Stellhebel zur Umsetzung anpassungsfähiger Montagesysteme in den Dimensionen Produkt, Stückzahl und Montagetechnologie werden nicht konkret dargestellt. Kluge und Weyand setzen voraus, dass das eingesetzte Montagesystem bzw. die eingesetzten Komponenten modular strukturiert sind und die Vorzüge dieser Struktur bei einer notwendigen Anpassung genutzt werden können. Witte und Vielhaber gehen in der Planungsvorbereitung ebenfalls implizit davon aus, dass die Durchführbarkeit einer Produkt- und/oder Stückzahlanpassung gewährleistet ist. Eine Anpassung der Montagetechnologie wird lediglich von Loferer dargestellt, der allerdings die Erstkonfiguration auf Komponentenebene untersucht.

Aus Kapitel 3 ergibt sich der theoretische Handlungsbedarf der Arbeit, die genannten drei direkten Wandlungstreiber bei der Entwicklung von Montagesystemen stärker zu berücksichtigen. Der theoretische Handlungsbedarf wird in Kapitel 4.1 konkretisiert, indem die Erkenntnisse aus den Kapiteln 2 und 3 dazu genutzt werden, Anforderungen an die zu entwickelnde Methodik zu formulieren.

4 Konzept der Methodik

In diesem Kapitel wird das Konzept der zu entwickelnden Methodik erarbeitet. Dafür werden in Kapitel 4.1 zunächst Anforderungen definiert, aus denen die benötigten Modelle und Methodenschritte abgeleitet werden können. In Kapitel 4.2 werden dann der Aufbau und die Vorgehensweise bei der Entwicklung der Methodik erläutert.

4.1 Ableitung der Anforderungen an die Methodik

Basierend auf der Forschungsfrage, die in der Einleitung in Kapitel 1.2 gestellt worden ist, und den Erkenntnissen aus der vorausgegangen Kapiteln lassen sich die inhaltlichen Anforderungen an die Methodik konkretisieren (Bild 4.1).

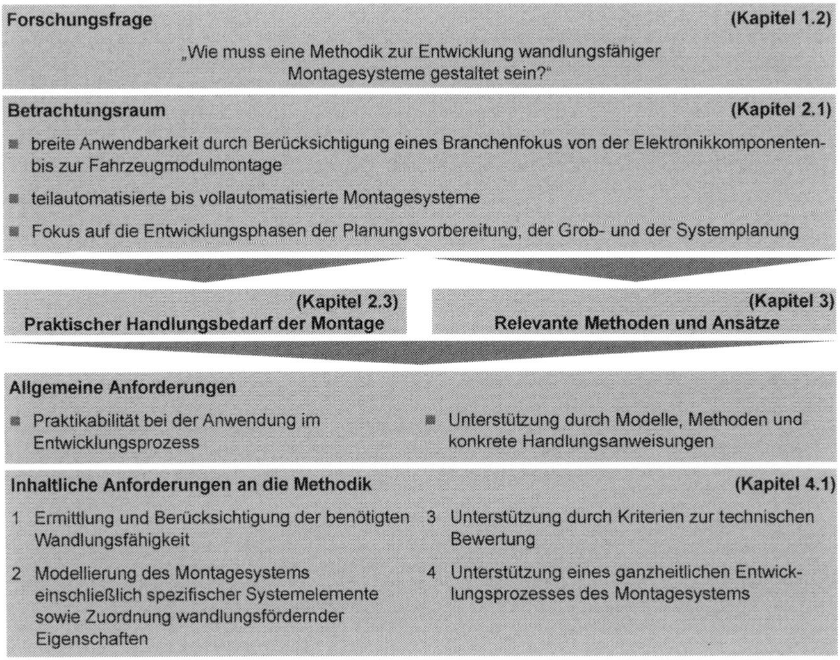

Bild 4.1: Anforderungen an die Methodik

Der Betrachtungsraum erstreckt sich, wie in Kapitel 2.1.4 dargestellt, von der Elektronikkomponenten- bis zur Fahrzeugmodulmontage. Durch diese branchenübergreifende Betrachtung können die Anforderungen an die Methodik so formuliert werden, dass ein Anspruch auf eine breite Anwendbarkeit für möglichst viele Anwendungsfälle gewährleistet wird. Im technischen Fokus stehen teil- und vollautomatisierte Montagesysteme, die heute besonders vielen Wandlungshemmnissen ausgesetzt sind, wie in Kapitel 2.2 dargestellt worden ist. Der Schwerpunkt der Methodik soll in der Planungsvorbereitung, der Grob- sowie der Systemplanung liegen. Die Feinplanung und der Systementwurf werden nicht näher betrachtet, da diese in branchen- und unternehmensspezifischen Methoden sehr weit entwickelt sind. Die Vorgehensweise hierfür kann u.a. den allgemeinen Methoden nach Bullinger sowie Konold und Reger entnommen werden [KONO03, S. 64ff.; BULL86, S. 249ff.]. Darüber hinaus können gängige und in der Branche vielfach erprobte Richtlinien wie die VDI 2221, die einen Leitfaden für den Konstruktionsprozess darstellt, oder die VDI 2206, die den Entwicklungsprozess mechatronischer Produkte und Produktionssysteme beschreibt, herangezogen werden [VDI93, VDI04].

Neben den zwei allgemeinen Anforderungen werden zur Entwicklung der Methodik vier inhaltliche Anforderungen definiert. Die erste inhaltliche Anforderung ergibt sich aus der Analyse des Standes der Technik in Kapitel 2 und Kapitel 3. Zusätzlich werden als Hilfestellung und für eine zielgerichtete Vorgehensweise bei der Entwicklung der Methodik drei weitere Anforderungen definiert.

1 Ermittlung und Berücksichtigung der benötigten Wandlungsfähigkeit

Durch diese erste anwendungsbezogene Anforderung soll die Ermittlung und vor allem die Berücksichtigung der benötigten Wandlungsfähigkeit sichergestellt werden. Dafür sind die drei direkten Wandlungstreiber, Produkt-, Stückzahl- sowie Montagetechnologieveränderungen, zunächst in der Planungsvorbereitung in geeigneter Form zu erfassen und zu beschreiben (vgl. Kapitel 2.2.1). So wird ein Lösungsraum für das Montagesystem vorgegeben, der die Ausprägung des Gesamtsystems sowie die Gestaltung der Schnittstellen einzelner Systemelemente vorgibt. Die benötigte Wandlungsfähigkeit des Systems sollte hierfür so beschrieben werden, dass die Zusammenhänge zwischen den Wandlungstreibern und einzelnen Systemelementen erkennbar werden und in der Grobplanungsphase leichter geeignete Systemeigenschaften und Mechanismen vorgesehen werden können. Ziel der ersten Anforderung ist es, den Lösungsraum so zu öffnen, dass geeignete Konzepte ausreichend vorgedacht werden und eine technische und kostenseitige Überdimensionierung des neuen Systems vermieden werden können.

2 Modellierung des Montagesystems einschließlich spezifischer Systemelemente sowie Zuordnung wandlungsfördernder Eigenschaften

Eine wandlungsfähige Montagesystemstruktur erfordert, dass die benötigte Anpassungsfähigkeit in den richtigen Systemelementen vorgesehen wird. Die dafür notwendigen wandlungsfördernden Eigenschaften gilt es in den einzelnen Systemelementen zu berücksichtigen, indem eine Zuordnung von potenziellen Wandlungstreibern zu den einzelnen Systemelementen des Montagesystems vorgenommen wird. Eingangsgrößen dieser Systembetrachtung sind potenzielle Wandlungstreiber und die zu gestaltenden Systemelemente. Ausgangsgrößen sind wandlungsfähige Systemelemente und die Verknüpfung zu einem Gesamtsystem. Für die Fabrikplanung wird die Identifikation von Wandlungsobjekten und Eigenschaften, die einen Wandel unterstützen, ebenfalls von Hernández empfohlen [HERN02, S. 66].

Im Kontext des Betrachtungsraums dieser Arbeit gilt es hierfür, das Montagesystem einschließlich spezifischer Systemelemente wie bspw. Transport- und Werkstückträgersysteme zu modellieren. Da die Methodik eine breite Anwendbarkeit im Rahmen des Betrachtungsraums dieser Arbeit bieten soll und keine Einzellösung, ist eine möglichst allgemeingültige Beschreibung eines Montagesystems notwendig. Zusätzlich sind für die so identifizierten Systemelemente Strategien und Mechanismen zu identifizieren und weiterzuentwickeln, die bei der Umsetzung der benötigten Wandlungsfähigkeit unterstützen. Darüber hinaus ist eine methodische Unterstützung zu entwerfen, welche den Entwicklungsprozess bei der Planung verbessert.

3 Unterstützung durch Kriterien zur technischen Bewertung

Wandlungsfähige Montagesysteme zeichnen sich dadurch aus, dass sie mehrere Systemzustände bzw. Ausbaustufen für den Fall einer Rekonfiguration oder Skalierung umfassen. Ein konventionelles starres Montagesystem hingegen weist über den gesamten Produktionslebenszyklus denselben oder zumindest einen sehr ähnlichen Systemzustand auf und wird nur in engen Grenzen umgebaut. Daher liegt es nahe, dass wandlungsfähige Lösungen hinsichtlich anderer Zielgrößen zu entwickeln und zu bewerten sind als konventionelle starre Montagesysteme. Gebräuchliche Zielgrößen für starre Montagesysteme sind u.a. eine optimale Auslastung, eine hohe Flächenproduktivität bzw. ein geringer Flächenbedarf, ein niedriger Erstinvest oder ein geringer Planungsaufwand. Diese vornehmlich auf die Effizienzsteigerung ausgerichteten Zielgrößen schränken allerdings die Gestaltung wandlungsfähiger Lösungen ein. Damit die Vorteile wandlungsfähiger Systeme in die Entwicklung und Bewertung einbezogen werden können, sind weitere Bewertungskriterien zu berücksichtigen. Diese umfassen bspw. den Flächenvorhalt für einen Ausbau im Falle einer Skalierung, die stufenweise Aufteilung der Investition bei einer Skalierung, die hohe Wiederverwendung bereits angeschaffter Betriebsmittel oder die schnelle Rekonfigurierbarkeit von Montagestationen und Stationsmodulen. Eine objektive Berücksichtigung der Vor- und Nachteile wandlungsfähiger Lösungen bei der Bewertung alternativer Montagekonzepte im Planungsprozess ist die Grundlage für die Entscheidung für oder gegen eine wandlungsfähige Lösung dar. Darüber hinaus ist sie auch die Grundlage für eine wirtschaftliche Bewertung.

4 Unterstützung eines ganzheitlichen Entwicklungsprozesses

Die Analyse der Wandlungshemmnisse in der Praxis hat gezeigt, dass eine ganzheitlichere Betrachtung des Montagesystems notwendig ist. So kann bspw. der notwendige Wandlungsraum einer Montagestation und die Ableitung der benötigten Modulstruktur nicht losgelöst von der Kenntnis der Planungsrandbedingungen des Gesamtsystems betrachtet werden, z.B. der Kenntnis des Layoutabschnitts, in dem die zu entwickelnde Station eingesetzt werden soll. Für einen praktikablen Wandlungsprozess ist dabei die Modularisierungs- bzw. Hierarchisierungstiefe des Gesamtsystems eine Kernfrage. Die Zerlegung des Gesamtsystems muss so detailliert sein, dass das zentrale Ziel, eine nachträgliche Anpassung an mögliche Wandlungstreiber vornehmen zu können, ermöglicht wird.

Darüber hinaus ist auch eine ganzheitliche Vorgehensweise im Entwicklungsprozess des Montagesystems notwendig, die in der Planungsvorbereitung ansetzt und in der Grob- und Systemplanungsphase durch entsprechende methodische Unterstützung fort- und umgesetzt wird. Dadurch soll die in der Montagesystementwicklung oftmals zu scharfe Trennung zwischen der Montageplanung und dem Systementwurf für einzelne technische Lösungen aufgehoben werden. Dies erfordert eine stärkere Berücksichtigung der Erkenntnisse aus den jeweils vorausgegangenen Entwicklungsphasen. Dafür ist ein Beschreibungsmodell erforderlich, das ganzheitlich in allen Phasen der Montagesystementwicklung verwendet werden kann.

4.2 Aufbau der Methodik

In diesem Abschnitt wird der Aufbau der Methodik beschrieben und die Vorgehensweise bei deren Entwicklung erläutert. Eine Methodik wird in dieser Arbeit als ein Paket aus Modellen, Methoden und Hilfsmitteln aufgefasst [LAUF95, S. 7]. Der Aufbau der Methodik ist in Bild 4.2 dargestellt. Zudem zeigt diese Übersicht auf, aus welchen Anforderungen die jeweiligen Modell- und Methodenbausteine resultieren.

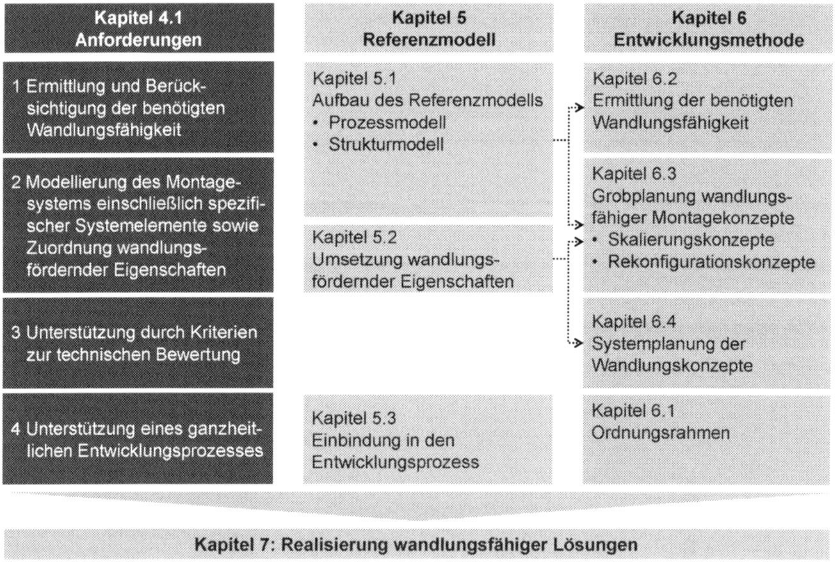

Bild 4.2: Aufbau und Umsetzung der Methodik

In Kapitel 5 wird ein **Referenzmodell** entwickelt. Diesem Modell liegt der Modellbegriff nach Stachowiak zugrunde, nach dem ein reales System mithilfe des Abbildungs- und des Verkürzungsmerkmals sowie des pragmatischen Merkmals in ein **Modell** überführt wird [STAC73, S. 131ff.]. Gemäß dem Abbildungsmerkmal sind

Modellelemente Abbildungen der Realität. Das Verkürzungsmerkmal bedingt, dass ein Modell nicht die vollständige Abbildung des Realsystems darstellt. Durch einen subjektiven Auswahlprozess des Modellierers werden die Systemelemente und Sachverhalte abgebildet, die für die vorliegende Zielstellung relevant sind. Das pragmatische Merkmal beschreibt, dass in dem Modell die Zielstellung des Modellierers berücksichtigt wird. Es beinhaltet neben der Frage, was modelliert werden soll, auch die, „für wen, wann und wozu bezüglich seiner jeweils spezifischen Funktion es Modell ist".

Mit dem in dieser Arbeit vorgeschlagenen Modell sollen die Sachverhalte eines Montagesystems dargestellt werden, die für die Gestaltung der Wandlungsfähigkeit relevant sind. Das angestrebte Modell soll für den der Arbeit zugrunde gelegten Betrachtungsraum gültig sein und ist daher als **Referenzmodell** zu verstehen. Ein Referenzmodell weist die eingangs eingeführten Merkmale eines Modells auf und zeichnet sich darüber hinaus durch seine Allgemeingültigkeit, Anpassbarkeit und Anwendbarkeit aus [MOTU08, S. 12-14; ZUER10, S. 43-45]. Das in dieser Arbeit entwickelte Referenzmodell soll die verallgemeinerbaren Eigenschaften eines wandlungsfähigen Montagesystems beinhalten und als Basisarchitektur für die Ableitung konkreter Modelle und Montagesystemlösungen für spezifische Anwendungsfälle dienen. Im Entwicklungsprozess soll die Verwendung dieses Referenzmodells den Vorteil bieten, dass auf das Vorwissen zurückgegriffen werden kann, das in die Generierung des Referenzmodells mit eingeflossen ist.

Die Daten zur Generierung der Partialmodelle des Referenzmodells sind aus dem Stand der Technik (Kapitel 2 und 1) sowie aus parallel erworbenen Erkenntnissen aus Forschungs- und Industrieprojekten abgeleitet. Diese wurden vom Autor während der Zeit am Werkzeugmaschinenlabor WZL hauptsächlich in den Branchen der Elektronikkomponenten- und der Aggregatemodulmontage, aber auch in weiteren Branchen erhoben. Da im Referenzmodell keine zu eng gefassten Eigenschaften bestimmter Montagesystemlösungen abgebildet werden können, ist die Anpassbarkeit des Referenzmodells eine wesentliche Voraussetzung.

Die erarbeitete **Entwicklungsmethode** wird in Kapitel 6 dargestellt. Eine Methode ist ein „auf einem Regelsystem aufbauendes Verfahren zur Erlangung von [wissenschaftlichen] Erkenntnissen oder praktischen Ergebnissen" [DUDE12]. Die in dieser Arbeit entwickelte Methode enthält Schritte, die bei der Planung und dem Entwurf von Montagesystemlösungen bzgl. der in Kapitel 4.1 formulierten vier Anforderungen unterstützen sollen. Die Planungsmethode zeigt zudem auf, wie das in Kapitel 1 entwickelte Referenzmodell in den Planungsprozess integriert werden kann.

5 Referenzmodell eines wandlungsfähigen Montagesystems

In diesem Kapitel wird ein Referenzmodell vorgestellt, mit dem die Sachverhalte abgebildet werden, die für die Entwicklung eines wandlungsfähigen Montagesystems im Kontext der in dieser Arbeit gestellten Anforderungen relevant sind. In Kapitel 5.1 wird zunächst der Aufbau des Referenzmodells vorgestellt, mit dem eine prozess- und strukturseitige Beschreibung des Montagesystems in mehreren Hierarchieebenen vorgenommen werden kann. In diesen Hierarchieebenen werden Referenzeigenschaften definiert, welche das Montagesystem hinsichtlich der möglichen Wandlungsfähigkeit charakterisieren. In Kapitel 5.2 werden dafür wandlungsfördernde Eigenschaften untersucht, die eine Anpassung der einzelnen Systemelemente an Produkt-, Stückzahl- und Montagetechnologieveränderungen ermöglichen. In Kapitel 5.3 werden die in diesem Kapitel gewonnenen Erkenntnisse resümiert und erläutert, wie das Referenzmodell im Entwicklungsprozess eingebunden werden kann.

5.1 Aufbau des Referenzmodells

Das in diesem Kapitel vorgestellte Referenzmodell besteht aus einem Prozess- und einem Strukturmodell. In Kapitel 5.1.1 werden die Hierarchieebenen eingeführt, in denen das Gesamtsystem abgebildet werden soll. Die Hierarchieebenen dienen dazu, das Montagesystem geeignet zu zerlegen und die dabei entstehenden Systemelemente gestalten zu können. Mit dem Prozessmodell, das in Kapitel 5.1.2 vorgestellt wird, kann zunächst eine von der technischen Realisierung losgelöste prozessseitige Beschreibung auf Basis des vorliegenden Produktes und der Montageaufgabe bzw. der Montageprozesskette vorgenommen werden. In dieses Partialmodell werden Anforderungen hinsichtlich der benötigten Wandlungsfähigkeit aufgenommen, indem der Zusammenhang zwischen dem Wandlungstreibern und dem Prozess hergestellt wird. Das Strukturmodell, das in Kapitel 5.1.3 vorgestellt wird, enthält die grobe technische Beschaffenheit der einzelnen Systemelemente und deren Relationen untereinander. Darüber hinaus stellt es eine Basisarchitektur dar, um die benötigte Wandlungsfähigkeit in den richtigen Systemelementen vorzusehen.

5.1.1 Hierarchieebenen des Referenzmodells

Ziel der in diesem Kapitel vorgestellten Hierarchieebenen ist die Zerlegung des Montagesystems in Systemelemente, die bei der Entwicklung wandlungsfähiger Lösungen unterstützen. Der hierarchische Aufbau des Referenzmodells soll dabei unterstützen, die benötigte Wandlungsfähigkeit in den richtigen Systemelementen vorzusehen.

Dass ein hierarchisches Konzept hierbei unterstützt, zeigen verschiedene Quellen. Grundsätzlich gilt, dass Ebenenmodelle bei der Planung von Produktionssystemen unterstützen [BERG05, S. 128ff.; EVER89, S. 206; JONA00, S. 10]. Für Roscher ist eine „hierarchische Planung“ eine Voraussetzung für die Planung eines flexiblen Systems [ROSC07, S. 30]. Es lassen sich zwei Grundprinzipien für die Hierarchisierung eines Montagesystems ableiten. Hierarchieebenen können zum einen anhand der Produktstruktur und des Produktspektrums identifiziert werden [EVER89, S. 205-206; SLAM04, S. 55]. Zum anderen kann eine hierarchische Zerlegung des Montagesystems anhand der Struktur der Montageaufgabe festgelegt werden [LOFE02, S. 15]. Die dem Referenzmodell zugrundeliegenden Hierarchieebenen werden an existierende Ebenenmodelle aus der Literatur angelehnt, wie sie u.a. von Jonas, Kluge, Loferer, Schuh, Westkämper und Wiendahl vorgestellt werden [JONA00, S. 10; KLUG11, S. 18; LOFE02, S. 15; SCHU04, S. 102; WIEN09, S. 131; WEST09, S. 61]. Wie Nofen et al. herausstellen, können die meisten Betriebsmittelobjekte einer Hierarchieebene zugeordnet werden [NOFE05, S. 23-24].

In dem in dieser Arbeit vorgestellten Modell wird das Montagesystem in insgesamt fünf Hierarchieebenen zerlegt: Montagesystem, Systemabschnitt, Montagecluster, Station und Stationsmodul (Bild 5.1).

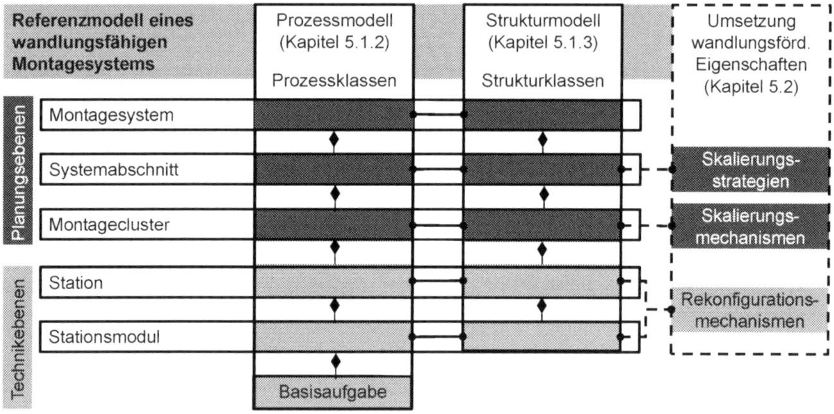

Bild 5.1: Hierarchischer Aufbau des Referenzmodells

Zusätzlich werden im Prozessmodell die Basisaufgaben als unterste Hierarchieebene zur prozessseitigen Beschreibung herangezogen (vgl. Kapitel 2.1.2). Somit handelt es sich um ein ganzheitliches Ebenenmodell, das sowohl ein ganzes Montagesystem für die Betrachtung in der Grobplanungsphase als auch einzelne Stationen und Stationsmodule abbildet. Ein Stationsmodul kann ein Zuführ-, ein Transport- oder ein Prozessmodul sein. Die Systemabschnitte und Montagecluster werden im Folgenden zusammenfassend auch als Planungsebene bezeichnet. Montagestationen und Stationsmodule werden unter dem Oberbegriff Technikebene zusammengefasst.

Die oberste Hierarchieebene des Referenzmodells ist die **Montagesystemebene**, die von Wiendahl als „Bereichsebene", von Schuh als „Linienebene" und von Westkämper als „Produktionssystem- oder Anlagenebene" bezeichnet wird [WIEN09, S. 131; SCHU04, S. 104; WEST09, S. 61]. Die Montagesystemebene legt die Systemgrenzen bzw. den Betrachtungsraum fest. Je nach Entwicklungsziel können Montageumfänge, bspw. Vormontagebereiche, mit in die Betrachtung einbezogen oder ausgeklammert und als separates System betrachtet werden.

Für eine erste Strukturierung der Gesamtmontage werden **Systemabschnitte (SAB)** eingeführt. Diese werden, angelehnt an gängige Vorgehensweisen, bei der Montagegliederung eingeführt, um die Komplexität des Gesamtsystems aufzuteilen und Abschnitte separat umsetzen zu können. Die Systemabschnitte werden vorrangig aus der Produktstruktur abgeleitet. Als erste Orientierung kann hier eine Gliederung in Vormontage-, Hauptmontage-, Nachmontage- und IBN-Bereiche vorgenommen werden. Als Vormontage werden Montageabschnitte verstanden, in denen eine Baugruppe oder ein eigenständiger Produktteil einschließlich notwendiger Inbetriebnahmevorgänge montiert wird. Vormontagen werden als SAB aufgefasst, wenn sie zusammen mit dem Rest des Montagesystems betrachtet werden sollen. Eine weitestgehend entkoppelte Vormontage kann auch losgelöst als eigenständiges Montagesystem abgebildet werden. Hauptmontagebereiche sind Abschnitte, in denen signifikante Änderungen des Bauzustandes bzw. des Baufortschrittes erzielt werden. In Nachmontagebereichen werden vorrangig Anbauteile montiert oder weitere komplettierende Vorgänge vorgenommen. In IBN-Bereichen wird das Produkt abschließend geprüft, justiert oder parametriert. In Bild 5.2 sind Beispiele für Systemabschnitte aus der Automobilbranche dargestellt. Die Beispiele sind so gewählt, dass sie ohne nähere Kenntnis des Produktes nachvollziehbar sind.

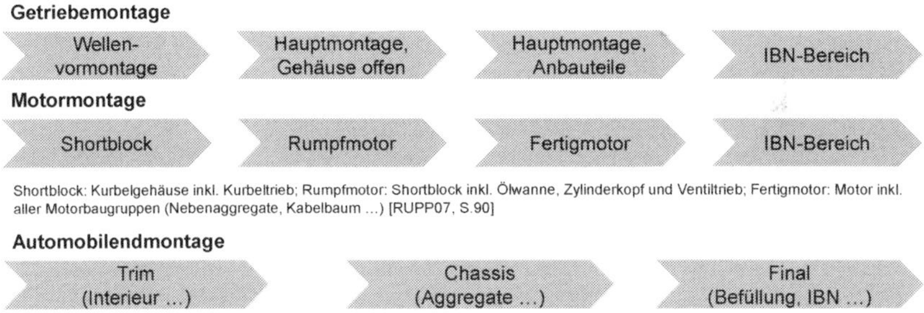

Bild 5.2: Beispiele für Systemabschnitte

Die Systembeschreibung auf Abschnittsebene ist noch zu grob, um wandlungsfähige Layout- und Systemstrukturen zu planen und in technische Lösungen umsetzen zu können. Es hat sich gezeigt, dass die Konzepte zur Skalierung und Rekonfiguration nur schwierig für ganze Montagesysteme oder Systemabschnitte entwickelt werden können. Andererseits ist eine ausschließlich stationsbezogene Betrachtung ebenfalls nicht ausreichend, da Anpassungen meist nicht losgelöst von Nachbarstationen durchgeführt werden können. Deshalb wird in dieser Arbeit der **Montagecluster (MCL)** als Zwischenebene eingeführt. In Montageclustern werden die Anordnung und Organisation mehrerer **Stationen** so zusammengefasst, dass Wandlungsprozesse unabhängig vom Rest des Systems gestaltet und spätere Anpassungen möglichst aufwandsarm durchgeführt werden können. Die Auswirkungen möglicher Wandlungstreiber soll auf einzelne Montagecluster begrenzt werden bzw. zumindest in der Entwicklung abgegrenzt behandelt werden. Montagecluster können als Module des Montagesystems verstanden werden, die nach dem Unabhängigkeitsprinzip der Modularisierung zu gestalten sind (vgl. Kapitel 3.1). Die Technikebenen umfassen Montagestationen sowie Stationsmodule. Die **Stationsmodule** als unterste Hierarchieebene im Strukturmodell sind für die Durchführung mehrerer Basisaufgaben zuständig und können entsprechend der Aufgaben der Montage ein Zuführ-, ein Transport- oder ein Prozessmodul (ZM, TP, PM) sein.

Als Modellierungssprache für das Referenzmodell wird die Unified Modeling Langue (UML) gewählt, mit der die hierarchischen, strukturellen und funktionalen Aspekte intuitiv dargestellt werden können. Die UML ist eine etablierte Modellierungssprache, die sich nach Müller, der verschiedene Modellierungsmethoden vergleicht, zur Abbildung der in dieser Arbeit abzubildenden Zusammenhänge gut eignet [MUEJ10, S. 105].

5.1.2 Prozessmodell des Referenzmodells

Die Prozessseite des Referenzmodells wird mit einem Prozessmodell abgedeckt, das die im vorherigen Kapitel eingeführten Hierarchieebenen abdeckt. (Bild 5.3).

Für die Beschreibung der untersten Hierarchieebenen werden die Basisaufgaben der Montage herangezogen (vgl. Kapitel 2.1.2, Bild 2.1). Die hierarchisch nächst höhere Prozessklasse, das Stationsmodul, ist verantwortlich für die Durchführung einer oder mehrerer Basisaufgaben. In dieser Hierarchieebene kann zwischen einem Zuführ-, einem Transport- und einem Prozessmodul unterschieden werden. Zur prozessseitigen Beschreibung von Stationen, Montageclustern und Systemabschnitten werden die Prozessschritte weiter sukzessive aggregiert. Die Vorgehensweise und Kriterien zur Identifikation geeigneter Systemgrenzen für die Systemabschnitte und Montagecluster werden in der Planungsmethode in Kapitel 6.2.2 im Detail vorgestellt.

Das Prozessmodell soll bei der Planung dabei unterstützen, die relevanten Prozesseigenschaften zu berücksichtigen. In den Prozessklassen werden neben der Beschreibung der Montageaufgabe die relevanten Prozesseigenschaften als Attribute aufgenommen. Die hier aufgeführten Attribute umfassen die Montagerichtung, die Bauteillage und weitere grundlegende Prozesseigenschaften, die beliebig ergänzt werden können. Neben den Prozesseigenschaften werden zusätzlich die Wandlungstreiber erfasst, die für die jeweilige Prozessklasse relevant sind. Hierfür werden die Wandlungstreiber Produkt-, Stückzahl- und Montagetechnologieveränderung in den Attributen der betroffenen Prozessklassen erfasst. Produktveränderungen werden einzelnen Basisaufgaben und Stationsmodulen zugeordnet, Montagetechnologieveränderungen dem Stationsmodul und Stückzahlveränderungen werden in Stationen, Montageclustern und Systemabschnitten erfasst. Die Prozessklassen stellen somit auch die Zuordnung zwischen den Wandlungstreibern und den einzelnen Systemelementen des Montagesystems her.

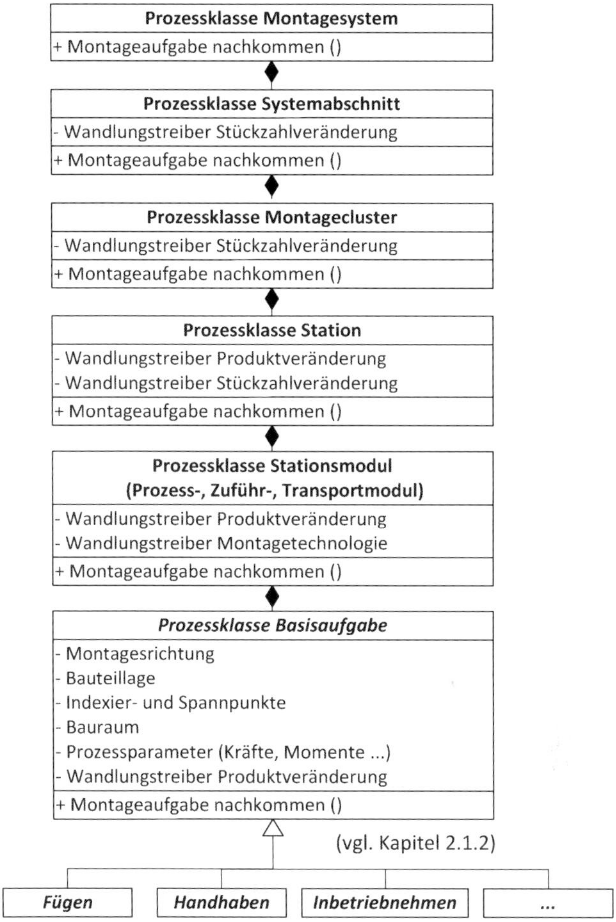

Bild 5.3: Prozessmodell des Referenzmodells

In der frühen Entwicklungsphase kann das Prozessmodell für eine technikabstrakte funktionale Strukturierung und Modellierung des Montagesystems auf Basis der vorliegenden Montageaufgabe sowie der einzubeziehenden Wandlungstreiber genutzt werden. Die Vorgehensweise hierzu kann der CRC-Karten-Technik der objektorientierten Analyse entlehnt werden und ist Bestandteil der Methode, die in Kapitel 6.2.2 dargestellt wird.

5.1.3 Strukturmodell des Referenzmodells

Das Strukturmodell ist wie das Prozessmodell hierarchisch aufgebaut und umfasst eine strukturseitige Beschreibung der Systemelemente in fünf Hierarchieebenen (Bild 5.4). Es stellt eine prozessunabhängige Beschreibung der Systemelemente eines wandlungsfähigen Montagesystems dar.

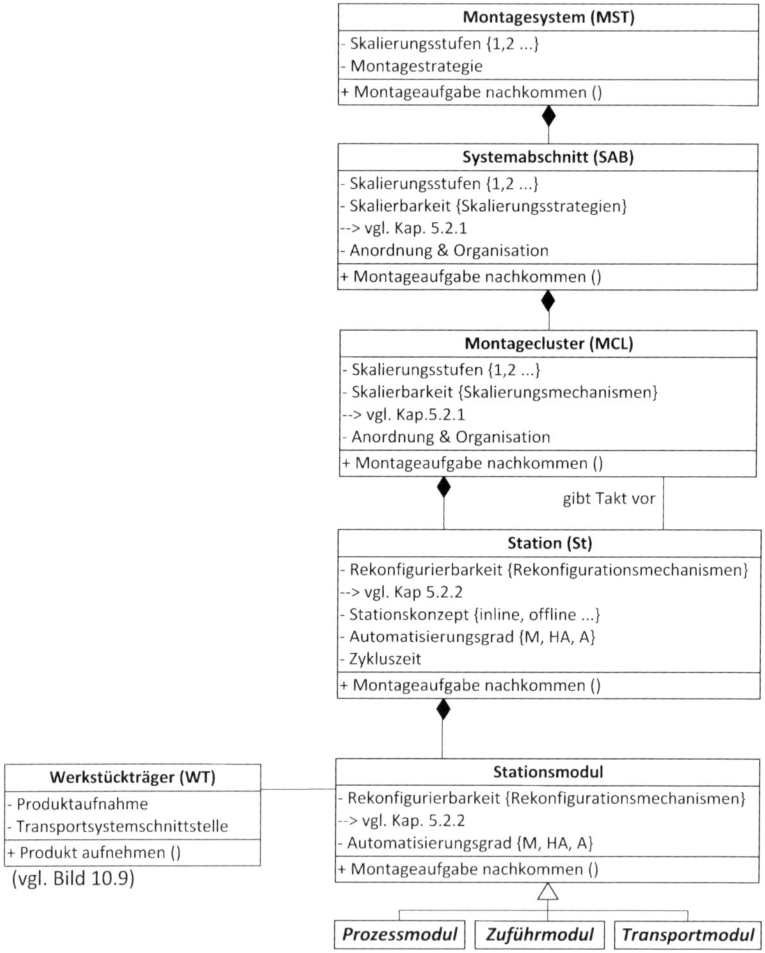

Bild 5.4: Strukturmodell des Referenzmodells

Das Strukturmodell wird wie das Prozessmodell in einem Klassendiagramm abgebildet, wodurch die Verknüpfung zwischen den beiden Partialmodellen intuitiv gegeben ist.

Die Informationen in den Strukturklassen sollen im Entwicklungsprozess dazu verwendet werden, eine grobe Gestaltung der jeweiligen Systemelemente vorzunehmen und den einzelnen Systemelementen gezielt wandlungsfördernde Eigenschaften zuzuweisen. Wandlungsfähigkeit wird im dargestellten Strukturmodell durch die Eigenschaften Skalierbarkeit und Rekonfigurierbarkeit berücksichtigt (vgl. Kapitel 2.2.2). Die Strukturklassen enthalten hierzu die Attribute **Skalierbarkeit** und **Rekonfigurierbarkeit**. Skalierbarkeit beschreibt die Eigenschaft eines Systemabschnittes oder Montageclusters, die die Umsetzung von Skalierungsstrategien oder -mechanismen ermöglicht, mit denen eine Anpassung an Stückzahlveränderungen vorgenommen werden kann. Ein Montagesystem ist skalierbar, wenn in jedem Systemabschnitt bzw. Montagecluster mindestens einer der in Kapitel 5.2.1 vorgestellten Skalierungsstrategien bzw. -mechanismen umgesetzt werden kann. In einem Montagecluster (MCL) kann das Attribut Skalierbarkeit bspw. die Ausprägung „Skalierungsmechanismus 1“ haben (vgl. Bild 5.7). Das heißt, dieser MCL kann mithilfe von „Skalierungsmechanismus 1“ hinsichtlich einer Stückzahlveränderung angepasst bzw. skaliert werden. Rekonfigurierbarkeit bezeichnet die Eigenschaft einer Montagestation oder eines Stationsmoduls, die die Umsetzung von Rekonfigurationsmechanismen ermöglicht, mit denen eine Anpassung an Wandlungstreiber vorgenommen werden kann. In Kapitel 5.2.2 wird erläutert, wie Rekonfigurationsmechanismen umgesetzt werden können.

Die einzelnen Klassen bilden verallgemeinerte Systemelemente des Montagesystems in den einzelnen Hierarchieebenen ab. Die Attribute der Strukturklassen stellen Eigenschaften der Klasse dar, die jedes Objekt der Klasse, d.h. das jeweilige Systemelement des Montagesystems, aufweist. Die Strukturklasse „Montagesystem“ definiert die Systemgrenzen des Betrachtungsraums. In Abhängigkeit der im Produktionsszenario geplanten Stückzahlen kann ein Montagesystem für mehrere Skalierungsstufen ausgelegt sein.

In Systemabschnitten können Skalierungsstrategien festgelegt werden, mit denen ein Systemabschnitt an Stückzahlveränderungen angepasst werden kann. Weitere Attribute, mit denen ein Systemabschnitt spezifiziert werden kann, sind die Anordnung und die Organisationsform.

In Montageclustern werden mehrere Montagestationen zusammengefasst und Skalierungsmechanismen hinterlegt, mit denen eine Anpassung an Stückzahlveränderungen vorgenommen werden kann. Durch die Top-Down-Vorgehensweise kann eine Entkopplung zwischen den Montageclustern vorgesehen werden, welche die Umsetzung von Anpassungen erleichtert. Dies umfasst neben technischen Anpassungen bspw. von Montagestationen auch die Anordnung, die Organisationsform und die Teilebereitstellung.

In den Technikebenen sind Strukturklassen für Stationen und Stationsmodule hinterlegt, in denen das Attribut Rekonfigurierbarkeit beschreibt, wie das jeweilige Systemelement hinsichtlich möglicher Wandlungstreiber angepasst werden kann. Zur Umsetzung dieser Rekonfiguration sind entsprechend Rekonfigurationsmechanismen vorzusehen. Eine Montagestation wird weiterhin durch die Attribute Stationskonzept, Automatisierungsgrad sowie die Zykluszeit spezifiziert.

Der Werkstückträger ist ein elementarer Bestandteil eines Montagesystems und wird deshalb als eigenständiges Systemelement erfasst. Bei der Entwicklung des Werkstückträgers sind wie bei den übrigen Systemelementen Wandlungstreiber zu berücksichtigen, welche die Konfiguration im Lebenszyklus beeinflussen können. Eine Übersicht der Zusammenhänge, die hierbei zu berücksichtigen sind, ist im Anhang in Bild 10.8 dargestellt.

5.2 Umsetzung wandlungsfördernder Eigenschaften

In diesem Kapitel werden die Skalierungsstrategien und -mechanismen sowie Rekonfigurationsmechanismen vorgestellt, die im vorausgegangenen Kapitel eingeführt worden sind. Damit soll aufgezeigt werden, wie ein Montagesystem hinsichtlich der drei direkten Wandlungstreiber Produkt-, Stückzahl- und Montagetechnologieveränderung angepasst werden kann. Der Zusammenhang zwischen den Hierarchieebenen des Strukturmodells, den Wandlungstreibern und der Umsetzung wandlungsfördernder Eigenschaften, die in diesem Kapitel diskutiert werden, ist in Bild 5.5 dargestellt.

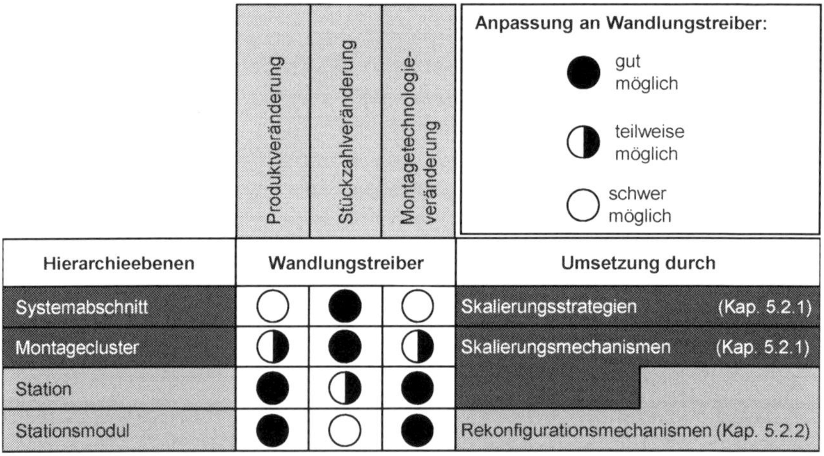

Bild 5.5: Umsetzung wandlungsfördernder Eigenschaften

In Kapitel 5.2.1 werden zunächst Skalierungsstrategien und -mechanismen vorgestellt, die eine Anpassung an Stückzahlveränderungen in Systemabschnitten und Montageclustern ermöglichen. In Kapitel 5.2.2 werden anschließend Rekonfigurationsmechanismen erläutert, die eine Anpassung der Technikebene ermöglichen, d.h. in den Hierarchieebenen Station und Stationsmodul.

5.2.1 Skalierungsstrategien und -mechanismen

Skalierungsstrategien für Systemabschnitte

Mit der Skalierungsstrategie wird festgelegt, wie ein Systemabschnitt hinsichtlich einer Stückzahlveränderung angepasst wird (Bild 5.6). Grundsätzlich besteht die Möglichkeit, die Ausbringung durch die Installation zusätzlicher Systemabschnitte zu erhöhen oder eine systeminterne Skalierung durch einen Umbau einzelner Systemabschnitte vorzunehmen. Darüber hinaus können Montageumfänge in eine separate Vormontage ausgelagert werden oder die Systemnutzungszeiten variiert werden. Für verschiedene Systemabschnitte eines Montagesystems können unterschiedliche Skalierungsstrategien zielführend sein. Daher ist für jeden Systemabschnitt eine geeignete Skalierungsstrategie vorzusehen.

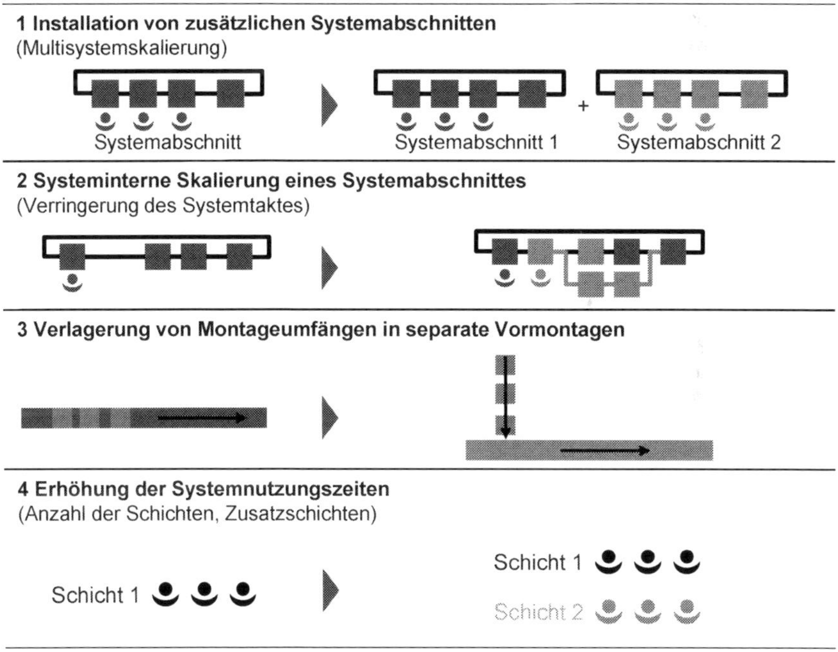

Bild 5.6: Skalierungsstrategien für Systemabschnitte

Die **Installation von zusätzlichen Systemabschnitten** kann entweder durch die Duplizierung, d.h. die Installation eines identischen Systemabschnitts, oder die Installation eines abweichenden Systemabschnittes vorgenommen werden. Der bestehende Systemabschnitt bleibt so unverändert. Durch die Installation zusätzlicher Systemabschnitte kann eine große Stückzahlerweiterung vorgenommen werden. Hierbei fallen allerdings oft große Investitionskosten an, weil Systemelemente wie die Transporttechnik oder die Materialbereitstellung bzw. auch alle Montagetechnologien für den neuen Systemabschnitt vollständig neu installiert werden müssen.

Bei einer **systeminternen Skalierung eines Systemabschnitts** wird die Anpassung durch eine Änderung des Systemtaktes vorgenommen. Die Systemstruktur ist hiervon in den Bereichen betroffen, in denen Engpassstationen dupliziert oder beschleunigt werden. Eine systeminterne Skalierung ist nur erstrebenswert, wenn große Teile der bestehenden Systemstruktur nicht von der Anpassung betroffen sind. Eine systeminterne Skalierung eines Systemabschnittes bedarf einer ausreichenden Planung, damit die Systemkomplexität nicht unnötig gesteigert wird. Die Anpassung eines bestehenden Systems birgt darüber hinaus immer die Gefahr eines schwer zu kalkulierenden Produktionsausfalls. Um eine systeminterne Skalierung eines Systemabschnitts vorzunehmen, sind Skalierungsmechanismen umzusetzen. Diese werden in einzelnen Montageclustern umgesetzt und im folgenden Abschnitt detailliert untersucht.

Die **Verlagerung von Montageumfängen in separate Vormontagen** ist eine weitere Strategie zur Skalierung. Diese Skalierungsstrategie ist nur realisierbar, wenn Montageumfänge und zugehörige vormontagefähige Baugruppen ausgelagert werden können. Die Vorgehensweise hierzu wird von Kampker et al. näher beschrieben [KAMP11]. Auf grundsätzliche Zusammenhänge bei der Abgrenzung von Vor- und Hauptmontagen geht Eversheim detailliert ein [EVER89, S. 168-169].

Skalierungsmechanismen für Montagecluster

In einem Montagecluster werden mehrere Stationen zusammengefasst. Aufbauend auf Weyands Betrachtung „stationsbezogener Möglichkeiten zur Stückzahlsteigerung" werden in dieser Arbeit Skalierungsmechanismen im Kontext von Montageclustern analysiert (vgl. Kapitel 3.3.2). Für die Umsetzung von Skalierungsmechanismen ist es wichtig, das Zusammenspiel mehrerer Stationen in einem Montagecluster unter Berücksichtigung der Anordnung und der Organisationsform einzubeziehen. In diesem Abschnitt werden fünf Skalierungsmechanismen vorgestellt, mit denen die Taktzeit eines Montageclusters angepasst werden kann (Bild 5.7).

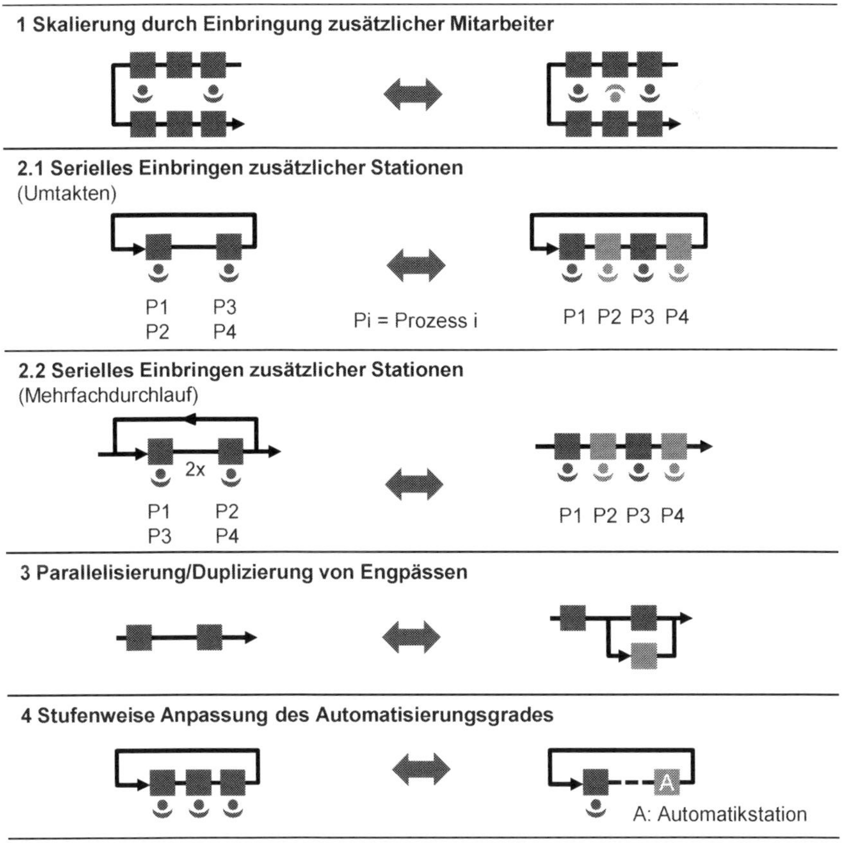

Bild 5.7: Skalierungsmechanismen für Montagecluster

Das **Einbringen zusätzlicher Mitarbeiter** stellt einen organisatorischen Skalierungsmechanismus dar. Zum Beispiel in der Automobilendmontage, die in großen Teilen als Fließmontage organisiert ist, wird der Einsatz zusätzlicher Mitarbeiter mit einhergehender Umtaktung auch zum Ausgleich kurzzeitiger Kapazitätsanpassung genutzt. Die prinzipielle Vorgehensweise ist in Bild 5.8 gezeigt. Die Skalierung durch den Einsatz zusätzlicher Mitarbeiter ist vor allem bei Montagesystemen zu berücksichtigen, die eine hohe Personalintensität haben. Das Einbringen zusätzlicher Mitarbeiter wird in vielen Montagen auch zur kurzzeitigen Leistungsabstimmung für eine Mix-Produktion genutzt.

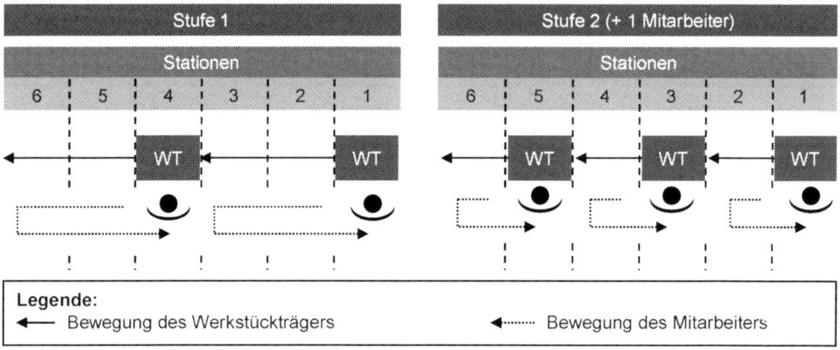

Bild 5.8: Skalierung durch Einbringen zusätzlicher Mitarbeiter

Einen Befähiger für diesen Skalierungsmechanismus stellt der stationsübergreifende Einsatz von Mitarbeitern dar. Dies setzt voraus, dass einzelne Mitarbeiter Arbeitsinhalte an mehreren Stationen übernehmen können. Durch einen stationsübergreifenden Einsatz mehrerer Mitarbeiter können Anpassungen der Arbeitsinhalte zur Reaktion auf Schwankungen des Variantenmix und der Stückzahl eigenverantwortlich von einzelnen Mitarbeitern oder Mitarbeitergruppen durchgeführt werden.

Tabelle 5.1: Vor- und Nachteile beim Skalieren durch Einbringen zusätzlicher Mitarbeiter

Vorteile	Nachteile
• geringer Umbauaufwand • hohe Mitarbeiterauslastung • kurzfristige Volumenflexibilität	• erhöhte Mitarbeiterqualifikation erforderlich • Vorhalt aller Betriebsmittel notwendig

Eine weitere klassische Maßnahme zur Skalierung ist das **serielle Einbringen zusätzlicher Stationen** einhergehend mit einer Umtaktung der Prozessinhalte. Eine Umtaktung setzt voraus, dass Prozessumfänge auf zusätzlich eingebrachte Stationen aufgeteilt werden können. Relativ aufwandsarm ist dies bspw. bei manuellen Arbeitsplätzen möglich, wenn hierfür lediglich mobile Werkzeuge, z.B. handgeführte Schrauber, zu verschieben sind. Eine möglichst durchgängige Verwendung standardisierter Basismodule innerhalb eines Montageclusters ist ein Befähiger für diesen Skalierungsmechanismus (vgl. Kapitel 5.2.2). Die Vor- und Nachteile des ersten Skalierungsmechanismus sind in Tabelle 5.2 dargestellt.

Tabelle 5.2: Vor- und Nachteile beim Skalieren durch serielles Einbringen von Stationen

Vorteile	Nachteile
• gute Erweiterbarkeit der Materialbereitstellung • gute Mitarbeiterauslastung	• hohes technisches Risiko durch umfangreichen Eingriff in bestehende Technik • hoher Umbauaufwand (reduzierbar durch den Vorhalt von Freiflächen)

Eine Sonderform der Skalierung durch das serielle Einbringen zusätzlicher Stationen ist der Mehrfachdurchlauf. Die Zykluszeit der einzelnen Stationen wird unabhängig von der Skalierungsstufe unverändert gelassen. In der ersten Skalierungsstufe werden die Stationen zweimal oder ggf. mehrmals angefahren – daher die Bezeichnung „Mehrfachdurchlauf". Die Gesamtbearbeitungszeit der Bauteile in der ersten Skalierungsstufe ist doppelt so hoch wie in der zweiten. In der zweiten Skalierungsstufe werden die Prozesse auf zusätzliche seriell eingebrachte Stationen umverteilt. Die Stationen werden dann jeweils einmal angefahren. Dieser Skalierungsmechanismus eignet sich vor allem für Prozessketten, in welchen sich wiederholende Prozesskettenkombinationen oder viele ähnliche Prozessumfänge auftreten. Dies können beispielsweise Prozessketten sein, in denen Press- oder Schraubprozesse im Wechsel mit manuellen Füge- oder Zuführprozessen stattfinden. Die Vor- und Nachteile des Mehrfachdurchlaufes, der in Kapitel 7.2.3 im Detail betrachtet wird, sind in Tabelle 5.3 zusammengefasst.

Tabelle 5.3: Vor- und Nachteile beim Skalieren durch Mehrfachdurchlauf

Vorteile	Nachteile
• geringer Umbauaufwand • günstig für Prozessketten mit großer Anzahl ähnlicher Prozesse (bspw. Pressen oder Schrauben mit ähnlichen Prozesseigenschaften) • gute Auslastung der Mitarbeiter durch Trennung manueller und automatischer Prozesse	• aufwändige Verkettung und Steuerung • hohe Komplexität der Automatikstationen (Flexibilitätskorridor zur Durchführung ähnlicher Prozesse) • komplizierte Verkettung/Aufteilung der Prozesse

Soweit es technisch sinnvoll ist, können einzelne **Prozessumfänge stufenweise automatisiert** werden. Dieser Skalierungsmechanismus ist vor allem empfehlenswert bei Prozessumfängen, deren Automatisierung mit einem großen Investitionsvolumen verbunden ist und ggf. in einer ersten Ausbaustufe durch eine manuelle Umsetzung teilweise eingespart werden kann. Ein Ziel dieses Skalierungsmechanismus ist die Minimierung des Investitionsrisikos in der Erstausbaustufe. Für eine stufenweise Automatisierung sind Stationskonzepte erforderlich, die eine Möglichkeit zum Austausch einzelner Prozessmodule mit unterschiedlichen Automatisierungsgraden bieten. In Tabelle 5.4 sind die Vor- und Nachteile einer stufenweisen Automatisierung dargestellt. In Kapitel 7.1 wird die Motivation und die Vorgehensweise für die Entwicklung einer stufenweise automatisierbaren Montagestation an einem Anwendungsbeispiel beschrieben.

Tabelle 5.4: Vor- und Nachteile beim Skalieren durch stufenweise Automatisierung

Vorteile	Nachteile
• gestufte Investition • nur stationsbezogener Umbauaufwand • geringer Umbauaufwand im Montagecluster	• Notwendigkeit für rekonfigurierbare Stationskonzepte • Risiko eines Produktionsausfalls während des Stationsumbaus

Die Beschleunigung von Engpässen kann bei einer ausreichenden Routenflexibilität des Transportsystems aufwandsarm durch **das Einbringen zusätzlicher Parallelstationen** erfolgen. Das Einbringen zusätzlicher Parallelstationen erfordert allerdings viel Fläche und stellt oft einen hohen zusätzlichen Anlageninvest dar. Bei Stationen, die eine Materialbereitstellung benötigen, bringt dieser Skalierungsmechanismus ggf. auch eine Vervielfachung der Materialbereitstellung mit sich. Eine Möglichkeit, eine doppelte Materialbereitstellung zu umgehen, besteht darin, eine Vorkommissionierung von Warenbehältern vorzunehmen, die mit dem Werkstückträger transportiert werden. Diese Maßnahme wird häufig als „Part-Kitting" bezeichnet. Die Vor- und Nachteile dieses Skalierungsmechanismus sind in Tabelle 5.5 zusammengefasst.

Tabelle 5.5: Vor- und Nachteile beim Skalieren durch Parallelisierung

Vorteile	Nachteile
• geringer Umbauaufwand an bestehenden Stationen • geringer Inbetriebnahmeaufwand	• große vorzuhaltende Fläche • hoher Anlagen-Investitionsaufwand

Eine Skalierung durch Überdimensionierung ist kein Skalierungsmechanismus im eigentlichen Sinne, da hierfür lediglich Ressourcen vorgehalten werden. Verschiedene Randbedingungen können eine Überdimensionierung allerdings erforderlich machen. Qualitätsanforderungen können ein Grund für eine Überdimensionierung durch eine direkte Automatisierung eines Prozessschrittes sein. Darüber hinaus kann eine Überdimensionierung zielführend sein, wenn keine rentable skalierbare Lösung gefunden werden kann und von einer später guten Auslastung ausgegangen wird.

Die vorgestellten Skalierungsmechanismen gehen oftmals einher mit einer Anpassung der Anordnung und/oder Organisationsform des Montagesystems. Eine Skalierung kann bspw. die Umgestaltung einer U-Anordnung, die bei geringen und schwankenden Stückzahlen Vorteile hinsichtlich der Mitarbeitergruppierung bietet, in eine Linienanordnung erforderlich machen (Bild 5.9).

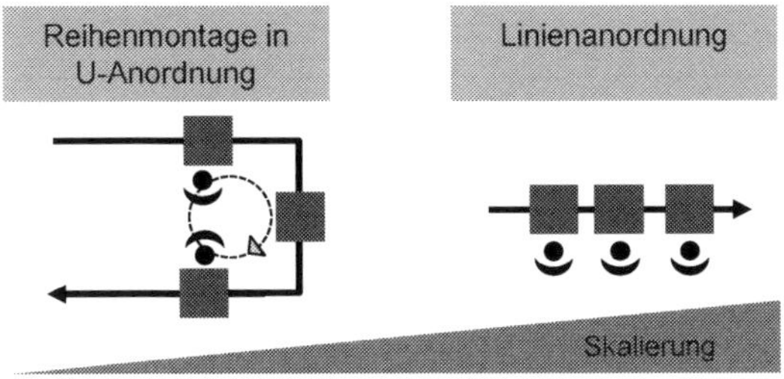

Bild 5.9: Anpassung der Anordnung und Organisation bei einer Skalierung

5.2.2 Rekonfigurationsmechanismen

Wie in Kapitel 2.2.2 erläutert wird eine Rekonfiguration praktisch umgesetzt, indem Systemelemente ausgetauscht, hinzugefügt, entfernt oder angepasst werden. Im folgenden Kapitel wird erläutert, wie eine Rekonfiguration in Montagestationen und Prozessmodulen umgesetzt werden kann.

Rekonfiguration von Montagestationen

Die Rekonfiguration einer Montagestation kann das Prozess-, das Zuführ- oder das Transportmodul betreffen. Durch einen Austausch, ein Hinzufügen oder Entfernen von einzelnen oder mehreren Prozessmodulen kann auf Produktveränderungen reagiert, die Montagetechnologie oder der Automatisierungsgrad geändert werden. Eine Rekonfiguration des Zuführmoduls kann ebenfalls bei Produkt- und Stückzahlveränderungen erforderlich sein. Eine Rekonfiguration des Transportmoduls ermöglicht es z.B. in einzelnen Abschnitten, die Transportgeschwindigkeit zu erhöhen und so die eingesparte Zeit zur Durchführung der eigentlichen Montageprozesse zu nutzen. Eine Rekonfiguration des Transportmoduls kann auch notwendig sein, wenn eine neue Montagetechnologie spezifische Anforderungen an das Transportmodul stellt. Die drei beschriebenen Rekonfigurationsmechanismen sind in Bild 5.10 zusammengefasst.

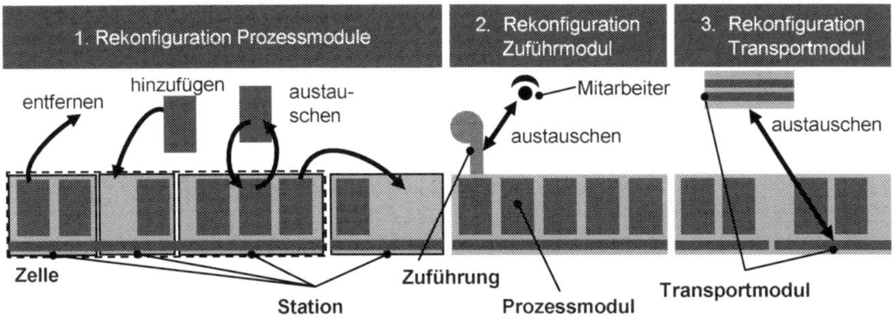

Bild 5.10: Rekonfigurationsmechanismen Montagestation

Zur Umsetzung der beschriebenen Rekonfigurationsmechanismen sind folgende Gestaltungsrichtlinien zu beachten:

- Reduzierung der gegenseitigen Beeinflussung bzw. Abhängigkeiten zwischen einzelnen Stationen und Stationsmodulen (Unabhängigkeitsprinzip)
- einfache Schnittstellen zwischen Stationsmodulen (Zuführ-, Transport- oder Prozessmodul) und dem Schaltschrank
- gute Mobilität/Handhabbarkeit einzelner Stationen und Stationsmodule
- geringer Anpassungsaufwand der Steuerung beim Austausch von Stationsmodulen (modulare Softwarearchitektur)
- aufwandsarme und wiederholgenaue Ausrichtung von Prozessmodulen
- aufwandsarme Integrierbarkeit und Ausrichtung unterschiedlicher Indexiereinheiten
- geringer spezifischer Werkzeugeinsatz bei der Rekonfiguration durch standardisierte mechanische Schnittstellen
- prozessorientierte Modularisierung des Transportsystems (Rekonfigurierbarkeit des Transportsystems)
- Reduzierung produkt- bzw. variantenspezifischer Baugruppen

Wie in Kapitel 2.1.4 eingeführt werden in der Elektronikkomponentenmontage häufig Montagezellen eingesetzt, die einen räumlichen Zusammenschluss mehrerer Stationen bilden. Bild 5.11 zeigt eine Montagezelle, bei der die Prozessmodule auf einzelnen Grundplatten angebracht sind, deren Breite variabel ist.

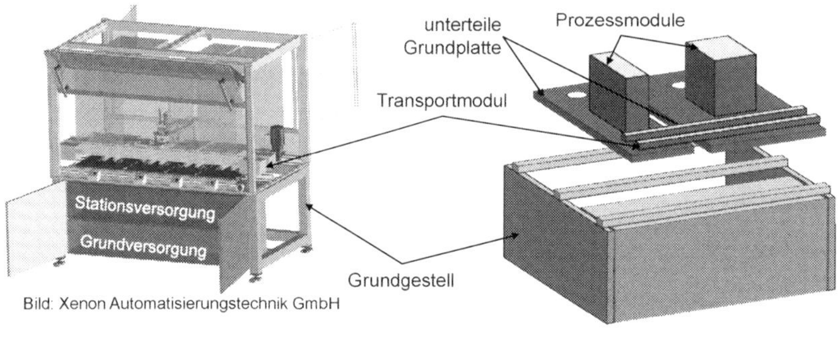

Bild 5.11: Montagezelle mit unterteilter Grundplatte

Durch die freie Rasterung der Montageplatte ist es möglich, die Anzahl der Stationen und die Breite der einzelnen Stationen zu variieren. Dadurch können einzelne Stationen ohne Restriktionen hinsichtlich der Abmessungen ausgetauscht werden. Die Kabelführung von den Prozessmodulen in den Schaltschrank, der im Untergestell untergebracht ist, erfolgt separat für jedes Prozessmodul, wodurch der Austausch einzelner Prozessmodule erleichtert werden soll. Der Schaltschrank ist entsprechend zu den Prozessmodulen so segmentiert, dass die einzelnen Komponenten den zugehörigen Stationen und Prozessmodulen leicht zugeordnet werden können. Das dargestellte Grundkonzept ist im Verbundprojekt RePlaMo mit der Xenon Automatisierungstechnik GmbH entstanden. Weitere Hersteller, die ähnlich strukturierte Montagezellen anbieten sind bspw. die Firmen Bosch Rexroth und Teamtechnik.

Zur Umsetzung der Rekonfigurationsmechanismen bei Montagestationen in der Fahrzeugmodulmontage ist das Basismodul so auszulegen, dass der Einsatz einer möglichst großen Bandbreite unterschiedlicher Prozessmodule, d.h. verschiedene Automatisierungsgrade und unterschiedliche Montagetechnologien, sowie der Einsatz manueller und automatischer Zuführmodule ermöglicht wird. Eine hohe Wiederverwendbarkeit kann realisiert werden, wenn das Basismodul mit geringem Umbauaufwand als Inline- oder Offline-Station sowie als Halb- oder als Vollautomat eingesetzt werden kann. Hierfür kann es auch notwendig sein, das mechanische Grundgestell des Basismoduls modular erweiterbar auszulegen.

Innermodulare Rekonfiguration von Prozessmodulen

Durch eine Rekonfiguration eines Prozessmoduls kann auf Produktveränderungen reagiert werden, die lediglich einen Produktadapter betreffen, bspw. Spann- oder Greifpunkte, Zentrierpunkte und Fügestellen. Bei der Gestaltung eines Prozessmoduls können zwei Ansätze verfolgt werden. Prozessmodule können zum einen durch modulare Lösungen rekonfigurierbar gestaltet werden. Eine modulare Gestaltung ermöglicht die Anpassung eines Prozessmoduls durch den Austausch des betroffenen Produktadapters (Bild 5.12, links). Ein Beispiel hierfür sind Schraub- oder Pressstationen, deren Prozessmodule (Schraub- oder Presseneinheit) mit Werkzeugwechslern ausgestattet sind und so mit verschiedenen Endwerkzeugen bestückt werden können. Zum anderen können universelle Prozessmodule eingesetzt werden. Dabei sind die Produktadapter so zu gestalten, dass sie universell für unterschiedliche Produktvarianten eingesetzt werden können (Bild 5.12, rechts). Diese Eigenschaft kann auch als passive Rekonfigurierbarkeit bezeichnet werden, da kein Umbau des Prozessmoduls erforderlich ist.

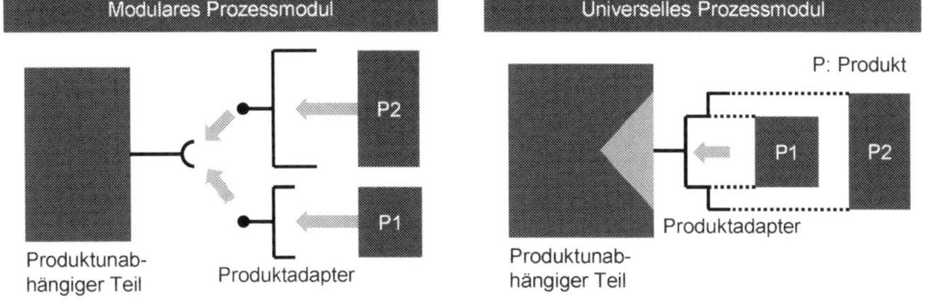

Bild 5.12: Gestaltung eines rekonfigurierbaren Prozessmoduls

5.3 Einbindung des Referenzmodells in den Entwicklungsprozess

In Bild 5.13 ist aufgezeigt, wie das in Kapitel 1 vorgestellte Referenzmodell in den Entwicklungsprozess eingebunden wird, der in der Planungsmethode in Kapitel 6 im Detail betrachtet wird.

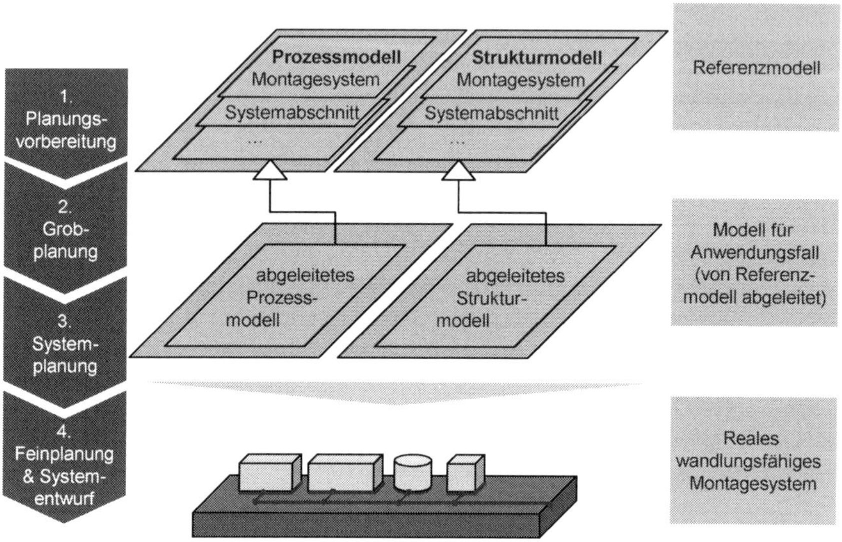

Bild 5.13: Einordnung des Referenzmodells in den Entwicklungsprozess

Anhand des Prozess- und des Strukturmodells werden in der **Planungsvorbereitung** die relevanten Zusammenhänge und Daten erfasst und analysiert. Das hierarchische Konzept und die Verknüpfung der relevanten Systemelemente untereinander sollen eine ganzheitliche Berücksichtigung der Anforderungen unterstützen. In der **Grobplanungsphase** werden aus dem Referenzmodell ein Prozess- und ein Strukturmodell für einen konkreten Anwendungsfall bzw. für die vorliegende Montageaufgabe abgeleitet. Das so generierte Anwendungsmodell enthält eine Zuordnung zwischen der benötigten Wandlungsfähigkeit, die aus dem Prozessmodell hervorgeht, und den einzelnen Systemelementen, die im Strukturmodell abgebildet werden. In den Strukturklassen ist hinterlegt, wie das Montagesystem an mögliche Wandlungstreiber angepasst werden kann (vgl. Bild 5.5). Ein skalierbarer Systemabschnitt oder Montagecluster zeichnet sich dadurch aus, dass die in Kapitel 5.2.1 vorgestellten Skalierungsstrategien und -mechanismen umgesetzt werden können. Die Rekonfigurierbarkeit einer Montagestation oder eines Prozessmoduls ist dann gegeben, wenn die in Kapitel 5.2.2 vorgestellten Rekonfigurationsmechanismen umsetzbar sind. Die vorgestellten Skalierungs- und Rekonfigurationsmechanismen sind in den Phasen der **Systemplanung** sowie der **Feinplanung & Systementwurf** zu detaillieren. Das daraus generierte reale Montagesystem und dessen Objekte können als Instanziierung des zuvor im Anwendungsmodell abgebildeten Systems verstanden werden.

6 Entwicklungsmethode für skalierbare und rekonfigurierbare Montagesysteme

In diesem Kapitel wird eine Vorgehensweise vorgestellt, mit der, basierend auf dem in Kapitel 1 vorgestellten Referenzmodell, der Entwicklungsprozess eines wandlungsfähigen Montagesystems unterstützt werden soll. Wie in Kapitel 3.3 aufgezeigt, existiert eine Vielzahl Planungsmethoden, welche die Auslegung von Montagesystemen adressieren. Damit der Fokus dieses Kapitels auf den Methodenschritten liegt, die bei der Umsetzung wandlungsfähiger Lösungen unterstützen, wird aus den im Stand der Technik vorgestellten Planungsmethoden in Kapitel 6.1 ein Ordnungsrahmen definiert. In Kapitel 6.2 wird dieser Ordnungsrahmen genutzt, um die in dieser Arbeit entwickelten Methodenschritte vorzustellen und in eine Reihenfolge zu setzen. Der Schwerpunkt liegt auf der Grobplanungsphase, in der aufgezeigt werden soll, wie durch die Entwicklung von Skalierungs- und Rekonfigurationskonzepten die benötigte Wandlungsfähigkeit frühzeitig implementiert werden kann.

6.1 Ordnungsrahmen für die Methode

Um einzelne Schritte einer Vorgehensweise in eine Reihenfolge zu setzen, ist es zielführend einen **Ordnungsrahmen** zu definieren. Er legt die Reihenfolge und grundlegende Bestandteile einer Lösung fest und ist damit ein Fundament [LEND09, S. 103, MEIS01, S. 62]. Die einzelnen Methodenschritte der in dieser Arbeit entwickelten Planungsmethode werden in Kapitel 6.2 zwar chronologisch aufgeführt, haben aber nicht den Anspruch, den Entwicklungsprozess eines Montagesystems vollständig abzudecken. Daher wird als Fundament für die in dieser Arbeit erarbeitete Entwicklungsmethode ein Ordnungsrahmen aus den in Kapitel 3.3 vorgestellten existierenden Methoden aufgestellt, in die die einzelnen Schritte einsortiert werden können.

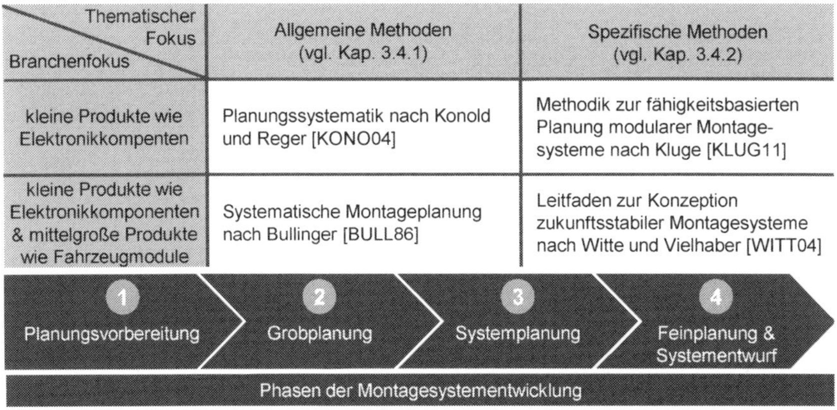

Bild 6.1: Ordnungsrahmen für die Entwicklungsmethode

Grundlegende Schritte wie bspw. die Vorgehensweise bei der Austaktung, die Layoutgestaltung oder die Auswahl geeigneter Organisationsformen können dem Ordnungsrahmen entnommen werden. Unter Berücksichtigung des Branchenfokus und des Betrachtungsraums dieser Arbeit sowie der Anforderungen an die Methodik werden die zwei allgemeinen Entwicklungsmethoden von Bullinger sowie Konold und Reger herangezogen (Bild 6.1). Die beiden Methoden sind eine anerkannte und vielfach zitierte Grundlage im Kontext unterschiedlicher Zielstellungen (siehe bspw.: [ANGE04, S. 109; JONA00, S. 22; KLUG11, S. 72]). Hinsichtlich des in dieser Arbeit zugrunde gelegten Branchenfokus, der sowohl kleine Produkte wie Elektronikkomponenten als auch mittelgroße Produkte wie Fahrzeugmodule abdeckt, ergänzen sich die beiden Arbeiten gut.

Aus den spezifischen Methoden werden die Ansätze von Witte und Vielhaber sowie von Kluge herangezogen. Beide Planungsmethoden setzen die Entwicklung von Produkt- und Stückzahlszenarien voraus. Konkrete Methodenschritte oder Werkzeuge zur Grobplanung und zur Systemplanung wandlungsfähiger Lösungen fehlen in beiden Ansätzen. Kluge geht bei der Generierung von Systemalternativen von einem bestehenden Baukasten eines modularen Montagesystems aus. Witte und Vielhaber stellen in ihrer Arbeit zwar vereinzelt Handlungsempfehlungen dar, gehen in ihrem Planungsleitfaden methodisch aber ebenfalls nicht über die allgemeinen Planungsmethoden hinaus. Ebenso wie die allgemeinen Planungsmethoden, die mit in den Ordnungsrahmen eingehen, ergänzen sich auch die spezifischen hinsichtlich des Branchenfokus dieser Arbeit. Während Witte und Vielhaber keine Einschränkung bezüglich des Branchenfokus machen, beschränkt sich Kluge auf die Planung von Montagesystemen für kleine Produkte mit einer maximalen Werkstückträgergröße von 300 mm x 400 mm.

6.2 Schritte der Entwicklungsmethode

In diesem Kapitel werden die in dieser Arbeit entwickelten Methodenschritte entlang der vier Phasen des Montagesystementwicklungsprozesses vorgestellt, die als Ordnungsrahmen genutzt werden (Bild 6.2). Für die erste Phase, die **Planungsvorbereitung**, werden Methodenschritte vorgestellt, mit denen die Anforderungen im Hinblick auf die benötigte Wandlungsfähigkeit erfasst und analysiert werden können. Die **Grobplanungsphase** umfasst die Entwicklung einer Montagestruktur und die Planung von Skalierungs- und Rekonfigurationskonzepten. In der dritten Planungsphase, der **Systemplanung**, wird aufgezeigt, wie eine Bewertung der Wandlungskonzepte und eine Ausplanung der favorisierten Lösung vorgenommen werden kann.

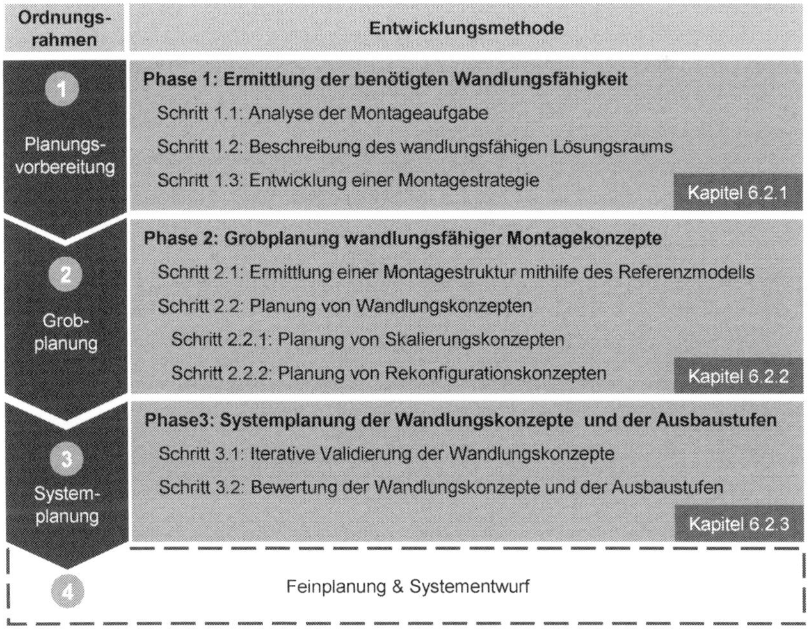

Bild 6.2: Entwicklung skalierbarer und rekonfigurierbarer Montagesysteme

6.2.1 Phase 1: Ermittlung der benötigten Wandlungsfähigkeit

In der ersten Entwicklungsphase wird die benötigte Wandlungsfähigkeit ermittelt. Hierzu wird in Schritt 1.1 eine Produkt- und Prozessanalyse durchgeführt und in Schritt 1.2 der daraus resultierende Lösungsraum des neuen Montagesystems beschrieben. Als Grundlage für die weiteren Entwicklungsphasen wird in Schritt 1.3 die Gesamtheit aller Zielstellungen in einer Montagestrategie zusammengefasst.

Schritt 1.1: Analyse der Montageaufgabe

Ziel dieses initialen Planungsschrittes ist es, die erforderlichen Eingangsdaten zu erfassen und zu dokumentieren. Die Analyse der Montageaufgabe umfasst folgende Unterschritte:

- Produkt- und Prozessanalyse
- Untersuchung bestehender Lösungen und deren Wandlungshemmnisse

Ergebnis der Produktanalyse sind Daten über die zu montierenden Produktvarianten. Soweit noch keine Angaben zum Prozess vorliegen, kann anhand der Produktstruktur die Montagereihenfolge ermittelt werden. Als visuelles Hilfsmittel zur Darstellung der frühesten und spätesten Montagezeitpunkte kann ein Vorranggraph erstellt werden. Bei der Prozessanalyse werden darauf aufbauend grundlegende Prozessdaten erfasst. Zusätzlich zu den Prozesszeiten, die für die Austaktung benötigt werden, werden hierfür Daten in den drei Kategorien Produktmerkmal, Prozesseigenschaft und Technikprinzip erfasst (Bild 6.3). Weitere Kriterien für die Prozesskettenanalyse werden in Abschnitt 6.2.2 vorgestellt. Ergebnis der Prozessanalyse ist eine tabellarische Dokumentation der Prozessdaten, die auch mögliche Vorrangfolgen bzw. restriktionen enthält.

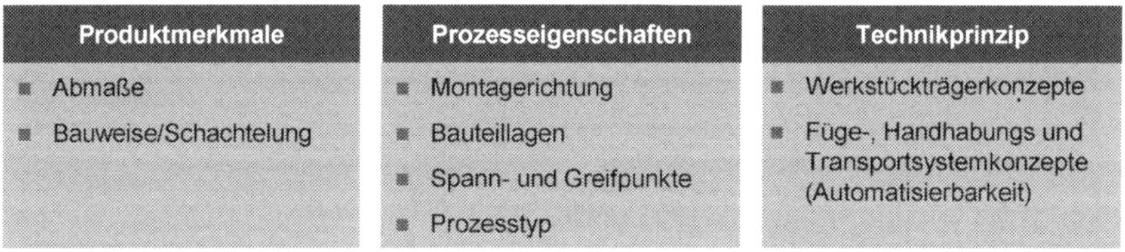

Bild 6.3: Montagerelevante Produktmerkmale und Prozesseigenschaften

Es hat sich als hilfreich herausgestellt, die Produkt- und Prozessanalyse durch eine Untersuchung ähnlicher bereits existierender Systemlösungen zu ergänzen, um bestehende Wandlungshemmnisse zu erfassen (vgl. Kapitel 2.3.3). Bei dieser Bestandsaufnahme werden bereits existierende Montagesysteme für ähnliche Montageaufgaben, hier als Referenzmontagesysteme bezeichnet, hinsichtlich aufgetretener Nutzungsbegrenzungen und den dafür ursächlichen Wandlungshemmnissen untersucht. Die Erkenntnisse sollen als Anregung für neue Lösungen genutzt werden.

Um die Vergleichbarkeit der betrachteten Lösungen sicherzustellen, bietet sich eine prozessorientierte Erfassung und Analyse der Systemlösungen an. Auf Basis einer einheitlichen Beschreibung der Prozesskette werden für einzelne Prozessschritte die betrachteten Montagesystemlösungen miteinander verglichen. Damit die Vergleichbarkeit der betrachteten Montagesysteme gewährleistet ist, sollten übergeordnete Prozessparameter ebenfalls beachtet werden. Übergeordnete Prozessparameter umfassen u.a. die nominelle Ausbringungsmenge bzw. die Systemtaktzeit, das Schichtmodell, den Flächenbedarf und den Automatisierungsgrad. Darüber hinaus sind charakteristische Technikprinzipien wie eingesetzte Stationskonzepte, Werkstückträger und die Materialzuführung relevant, die den betrachteten Montagesystemen in den Planungsprämissen zugrunde gelegt worden sind. Unterschiedliche Gegebenheiten und Restriktionen, bspw. die verfügbare Hallenfläche oder Automatisierungsanforderungen, können stark unterschiedliche Lösungen bedingen, die bei einem Vergleich der Montagesysteme zu berücksichtigen sind. Aus der Bestandsaufnahme bestehender Montageplanungen und -betriebsmittel können Rückschlüsse für die Neu- und Weiterentwicklungen gezogen werden. Der erste Schritt zur Analyse der Montageaufgabe geht somit über die Weiterverwendungsplanung hinaus, die von verschiedenen Autoren in der Planungsvorbereitung vorschlagen wird. Die hier vorgestellte Vorgehensweise ermöglicht es, das Erfahrungswissen, sog. „lessons-learnt", mit in die Planungsvorbereitung einzubeziehen.

Schritt 1.2: Beschreibung des wandlungsfähigen Lösungsraums

Im zweiten Methodenschritt der ersten Entwicklungsphase wird aufgezeigt, welche Planungsdaten zur Beschreibung des wandlungsfähigen Lösungsraums aufzunehmen sind. In Anlehnung an Witte und Vielhaber werden in diesem Schritt zunächst Produkt- und Stückzahlszenarien mit einbezogen (vgl. Kapitel 3.3.2). Produktszenarien beschreiben das zukünftige Produktionsprogramm und denkbare Produktveränderungen, die einen zukünftigen Wandlungstreiber darstellen können. Dies umfasst grundlegende Daten wie die Produktabmessungen, aber vor allem auch Produktmerkmale wie Spann- oder Greifpunkte, die eine Auswirkung auf die Gestaltung des Montagesystems haben. Bei der Beschreibung des Stückzahlszenarios sowie möglicher Stückzahlveränderungen empfiehlt es sich, wie von Witte und Vielhaber vorgestellt, mehrere Stückzahlprognosen für eine pessimistische und eine optimistische Stückzahlerwartung zu betrachten [WITT03, S. 19]. Denn die Betrachtung von Montagesystemkonzepten auch für Grenzbereiche im oberen und unteren Stückzahlbereich unterstützt bei der Entwicklung wandlungsfähiger Lösungen. Als dritte Dimension des wandlungsfähigen Lösungsraums sind denkbare Veränderungen der eingesetzten Montagetechnologien zu erfassen. Der sich so ergebende dreidimensionale Lösungsraum des Montagesystems ist in Bild 6.5 dargestellt.

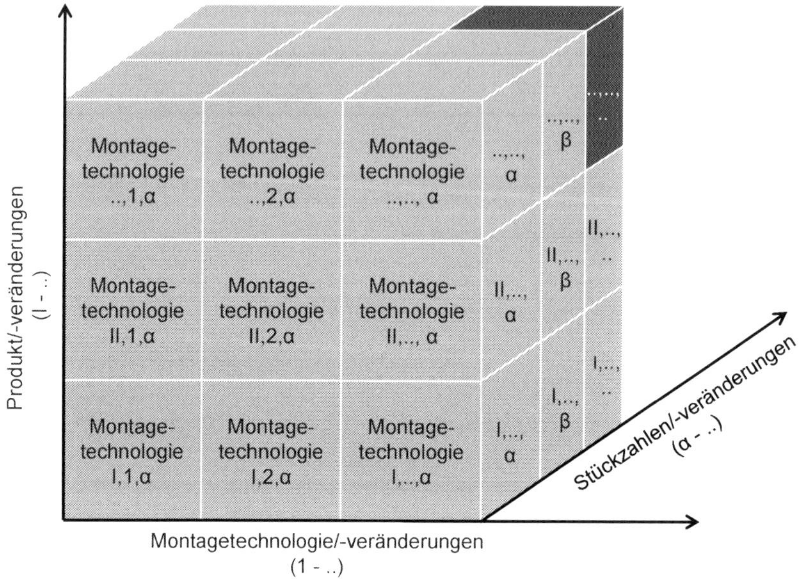

Bild 6.4: Wandlungsfähiger Lösungsraum

Zur Analyse der Produktszenarien und Auswirkungen möglicher Produktveränderungen auf das Montagesystem wird angelehnt an Neuhausens Produktionsstrukturmatrix (vgl. Kapitel 3.1) die Produkt-Montage-Morphologie (PMM) eingeführt. In der PPM werden die montagerelevanten Produktmerkmale sowie mögliche zukünftige Produktveränderungen und deren Auswirkungen auf das Montagesystem erfasst. Die PMM stellt somit den Zusammenhang zwischen dem Montageprozess, den für die einzelnen Prozessschritte relevanten Produktmerkmalen und den möglichen Merkmalsausprägungen dieser Produktmerkmale her (Bild 6.5).

Es sind alle bekannten und potenziellen zukünftigen Ausprägungen der Produktmerkmale zu berücksichtigen, die eine Auswirkung auf die Gestaltung des Montagesystems haben. Die aus Sicht der Produktentwicklung variantenbildenden Produktmerkmale sind dabei nicht notwendigerweise montagerelevant. Eine pragmatische Umsetzung einer PMM kann auch für lange Prozessketten in Tabellenform vorgenommen werden. Dafür können bestehende Prozesstabellen, die in der Grobplanung vorliegen, um die in Bild 6.5 dargestellten Produktinformationen erweitert werden. In der Rubrik „beeinflusste Systemelemente“ können die Auswirkungen der Produktveränderungen auf die einzelnen Systemelemente eines Montagesystems untersucht werden, sobald die technische Realisierung des Montagesystems feststeht.

Prozessschritte und relevante Produktmerkmale				
Prozessschritt	Produktmerkmale/ Bezeichnung	Ausprägungen/potenzielle Produktveränderungen (Wandlungstreiber)		
		Ausprägung 1	Ausprägung 2	...
Schrauben fügen	Lage der Schraubpunkte	Verschiebung Schraubpunkt 1	Verschiebung Schraubpunkt 2	...
Kurbelgehäuse greifen	Greifpunkte	Greifpunkte Typ1	Greifpunkte Typ 2	...
...	...	...	...	...

Auswirkung auf die Gestaltung des Montagesystems	
beeinflusstes Systemelement	Beschreibung der Auswirkung
Mehrfachschraubspindel	Stichmaß/Abstand der Schraubspindeln
Greifer	Aufnahmepunkte des Greifers
...	...

Bild 6.5: Produkt-Montage-Morphologie (PMM)

Schritt 1.3: Entwicklung einer Montagestrategie

Als Zusammenfassung der ersten Planungsphase wird eine Montagestrategie aufgestellt, in welcher die benötigte Wandlungsfähigkeit in Form von Planungsprämissen festgehalten wird. Angelehnt an die von Witte und Vielhaber definierten Kategorien werden die Zielstellungen und grundsätzliche Lösungsansätze in den Kategorien **Produkt**, **Stückzahl**, **Montagetechnologie**, **Personal** und **übergreifende Prämissen** formuliert [WITT03, S. 22-38]. Die Montagestrategie liefert eine grobe Zielvorstellung des zu planenden Montagesystems. Die Definition einer Montagestrategie ist hilfreich, um die Zielstellungen aller am Planungsprojekt Beteiligten abzustimmen. In die übergreifenden Prämissen gehen auch Planungsrichtlinien des jeweiligen Unternehmens mit ein. Diese sind bei vielen großen Unternehmen in einem sogenannten „Produktionssystem" festgehalten. Diese unternehmensspezifischen Richtlinien legen grundsätzliche Eigenschaften des Produktionssystems fest.

6.2.2 Phase 2: Grobplanung wandlungsfähiger Montagekonzepte

In der zweiten Phase werden wandlungsfähige Montagekonzepte entwickelt. Dafür wird zunächst in Schritt 2.1 auf Basis der in Kapitel 5.1 eingeführten Hierarchieebenen eine Strukturierung vorgenommen. Durch die Zerlegung des Gesamtsystems in Systemabschnitte und Montagecluster soll die Entwicklung wandlungsfähiger Lösungen unterstützt werden.

In Schritt 2.2 werden basierend auf der Montagestruktur Skalierungs- und Rekonfigurationskonzepte entwickelt. Die in Schritt 2.2.1 vorgestellte Entwicklung von Skalierungskonzepten dient dazu, die in Kapitel 5.2 definierten Skalierungsstrategien und Skalierungsmechanismen in Systemabschnitten und Montageclustern umzusetzen.

In Schritt 2.2.2 wird die Entwicklung von Rekonfigurationskonzepten beschrieben, die eine Anpassung von Montagestationen und Stationsmodulen ermöglichen sollen.

Schritt 2.1: Ermittlung einer Montagestruktur mithilfe des Referenzmodells

Bei der Systemstrukturierung wird das Montagesystem in Systemabschnitte und Montagecluster gegliedert. Diese können als Module eines Montagesystems verstanden werden, die nach dem Dekompositionsprinzip der Modularisierung möglichst funktional unabhängig bzw. voneinander entkoppelt sein sollten. Die Systemstrukturierung erfolgt entsprechend des in Kapitel 5.1 vorgestellten Referenzmodells Top-Down (Bild 6.6). Ausgehend von der Ablaufstruktur bzw. dem Montagevorranggraphen wird das Gesamtsystem in Systemabschnitte und Montagecluster zerlegt, welche die Implementierung der in Kapitel 5.2 vorgestellten Skalierungsstrategien und -mechanismen sowie von Rekonfigurationskonzepten erleichtern sollen.

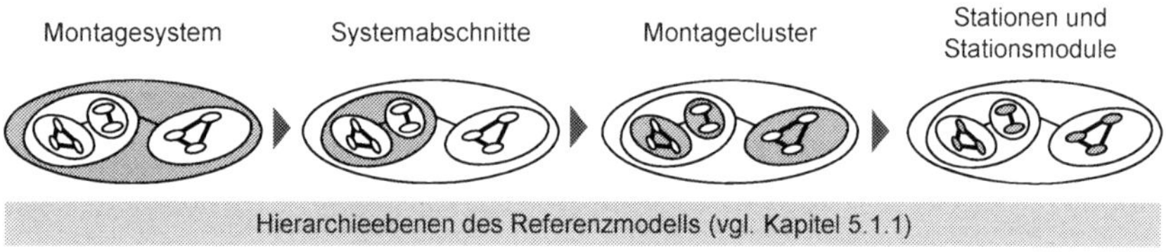

Bild 6.6: Top-Down-Vorgehensweise bei der Ermittlung der Montagestruktur

Für die Identifikation von Systemabschnitten und Montageclustern ist eine Prozesskettenanalyse notwendig, bei der anhand der in Bild 6.7 dargestellten Kriterien Prozessumfänge zusammengefasst werden. Der Kriterienkatalog ist in die beiden Kategorien Produktmerkmale und Prozesseigenschaften unterteilt. Bei seiner Entwicklung wurden Erkenntnisse aus bestehenden Ansätzen zur Untergliederung von Produktions- und Montagesystemen mit einbezogen: [BULL86, S. 129; EVER89, S. 167-174; KONO03, S. 40ff.; SCHU04, S. 104-105; NEUH01, S. 77]. Besondere Berücksichtigung finden Bullingers „Kriterien zur Zusammenfassung von Teilverrichtungen zu Montageabschnitten" (vgl. Kapitel 3.3.1). Die Beschreibung der Prozesskette liegt in der Grobplanungsphase meist als Prozesstabelle vor, deren Abstraktionsgrad in etwa dem der Basisaufgaben der Montage entspricht. Die für die Systemstrukturierung relevanten Prozessdaten können deshalb den Basisaufgaben im Prozessmodell entnommen werden (vgl. Kapitel 5.1.2).

Die Identifikation der Systemabschnitte (SAB) erfolgt angelehnt an gängige Vorgehensweisen bei der Bildung von Montageabschnitten zur Arbeits- und Mengenteilung sowie zur Baugruppen- und Variantenteilung [KONO03, S. 40-41]. Der wesentliche Anhaltspunkt zur Bildung von Systemabschnitten ist die Produktstruktur, gemäß der eine Gliederung in Vor-, Haupt- und Anbauteilmontage sowie Prüfbereich erfolgt. Wesentliche Kriterien sind die Sicherstellung zwischenlagerbarer oder prüfbarer Bauzustände sowie die Trennung von variantenbildenden und -unabhängigen Prozessumfängen [BULL86, S. 129; NEUH01, S. 77].

Kriterium zum Zusammenfassen von Prozessumfängen	Zielsetzung	Ebene
Produktmerkmale		
Produktstruktur (Vor-, Haupt- und Anbauteile, IBN-Bereiche)	Umsetzung zwischenlagerbarer und/oder geprüfter Zwischenbauzustände	SAB
Abgrenzung von varianten-abhängigen und -unabhängigen Baugruppen	Abgrenzung von Systemabschnitten für Varianten- oder Gleichteile	SAB
gleiche oder ähnliche Prozess-reihenfolge je Produktvariante	• Auslastung automatisierter Betriebsmittel bei langen Taktzeiten (Erstausbaustufe) • Verringerung des Materialbereitstellungs-aufwandes	SAB, MCL
gleiche Bauteillage	• Verringerung von Handhabungszeiten • Vereinfachung des Werkstückträgers • Einsatz ähnlicher Stationsaufbauten	MCL
gleiche prozessbeeinflussende Produktmerkmale (Wandlungs-treiber „Produktveränderung")	Reduzierung der Wechselwirkungen zwischen Produktmerkmalen und Betriebsmitteln	MCL (St)
Prozesseigenschaften		
gleiche Bearbeitungsrichtung	• Einsatz ähnlicher Stationskonzepte • Verringerung der Handhabungszeiten	MCL
Ähnlichkeit der Prozesse und der einzusetzenden Montage-technologie	• Erhöhung der Automatisierbarkeit • Zusammenfassen von automatisierbaren Prozessen zur besseren Auslastung von Automatikstationen bei langen Taktzeiten (Erstausbaustufe) • wirtschaftliche Automatisierung bereits bei langen Taktzeiten (d.h. in der ersten Skalierungsstufe)	MCL
ähnliche Restriktionen und Anfor-derungen an die Automatisierung	Trennung manueller und automatischer Prozessumfänge	MCL
Abkürzungen: SAB: Systemabschnitt, MCL: Montagecluster, St: Station		

Bild 6.7: Kriterienkatalog zur Ermittlung der Montagestruktur

Montagecluster (MCL) werden, wie in Kapitel 5.1.1 dargestellt, als Zwischenebene eingeführt, um Skalierungs- und Rekonfigurationsmechanismen besser einplanen zu können. Neben ähnlichen Produktmerkmalen und Prozesseigenschaften sind vor allem ähnliche Automatisierungsanforderungen ein Kriterium, um Prozessumfänge in einem Montagecluster zu bündeln. Weiterhin ist es offensichtlich, dass ein Umtakten einfacher für einen Montagecluster vollzogen werden kann, in dem ähnliche Prozesse gebündelt sind, als wenn z.B. die Bearbeitungsrichtung oder die Bauteillage variieren. Hierfür sind auch die entsprechend der Ablaufstruktur bzw. des Vorranggraphens möglichen frühesten und spätesten Verbauzeitpunkte einzelner Bauteile zu analysieren und gemäß der in Bild 6.7 aufgezählten Kriterien zu gestalten. Abschließend kann festgehalten werden, dass sich die Erarbeitung der Montagestruktur zwar mit dem hier dargestellten Methodenschritt systematisieren lässt und dennoch von der Produkt- und Prozesskenntnis des Planers abhängt. Darüber hinaus ist dieser

Methodenschritt iterativ mit der Austaktung durchzuführen, die maßgeblich vorgibt, wie Prozessumfänge auf einzelne Stationen zu verteilen sind.

Schritt 2.2: Planung von Wandlungskonzepten

Ausgehend von der Systemstrukturierung sowie den Produkt- und Stückzahlszenarien erfolgt die Grobplanung. Ergebnisse dieser zweiten Planungsphase sind Skalierungskonzepte und/oder Rekonfigurationskonzepte, die folgende Ergebnisse umfassen:

- Ablaufstruktur und Grobaustaktung
- Auswahl zu automatisierender Prozesse
- Grobkonzept für Werkstückträger- und Transportsystem
- Stationskonzepte
- Linienführung und Groblayout
- Grobkonzept für die Mitarbeitereinsatzplanung
- Grobkonzept für die Materialbereitstellung und Logistik

Die Vorgehensweisen zur Entwicklung von Skalierungs- und Rekonfigurationskonzepten werden in den Schritten 2.2.1 und 2.2.2 dargestellt. Die beiden Schritte können bei Bedarf miteinander kombiniert werden. Grundsätzlich sollten bei der Entwicklung von Wandlungskonzepten folgende Gestaltungsrichtlinien berücksichtigt werden:

- Fokussierung auf Prozessumfänge, deren Automatisierung kostenintensiv ist und bei denen eine skalierbare Systemlösung eine gestufte Investition mit niedriger Startinvestition ermöglicht
- Fokussierung auf Prozessumfänge, die von Produktveränderungen betroffen sind
- Ausgleich von variantenbedingten Montagezeitunterschieden zur Auslastung der Mitarbeiter
- Automatisierung der Montagecluster, in denen große Montagezeitunterschiede bei verschiedenen Produktvarianten vorliegen
- Reduzierung der Personalintensität bei steigender Stückzahl (wirtschaftliche Automatisierung)
- Vermeidung komplexer Stationsaufbauten mit komplexen Verstell-/Adaptionseinheiten
- Einsatz variantenneutraler Stationsmodule
- Einsatz ähnlicher und standardisierter Stationsaufbauten in Systemabschnitten und/oder Montageclustern zur Erleichterung einer nachträglichen Umtaktung

Schritt 2.2.1 Planung von Skalierungskonzepten

Die Planung von Skalierungskonzepten umfasst die in Bild 6.8 dargestellten Unterschritte.

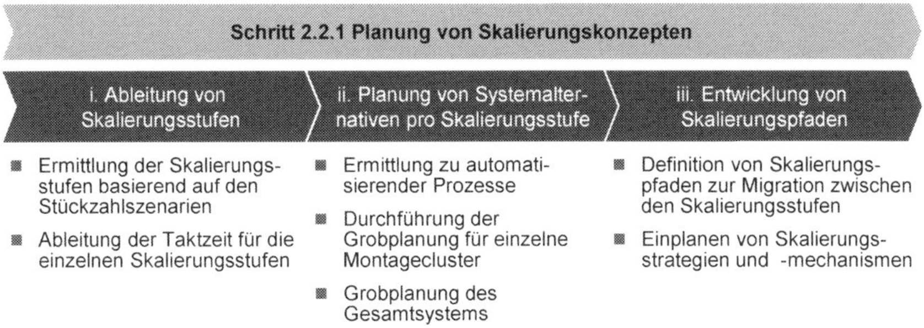

Bild 6.8: Planung von Skalierungskonzepten

Auf Basis der Stückzahlszenarien werden in diesem Methodenschritt zunächst die notwendigen **Skalierungsstufen abgeleitet**, wie in Bild 6.9 an einem Beispiel für drei Skalierungsstufen dargestellt ist.

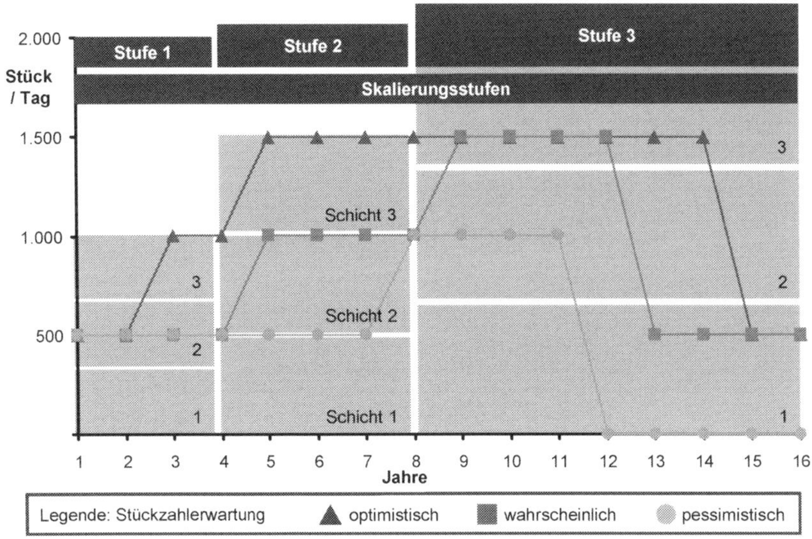

Bild 6.9: Festlegung von Skalierungsstufen auf Basis der Stückzahlszenarien

Anhand der Stückzahlszenarien kann die Taktzeit für die einzelnen Skalierungsstufen berechnet werden. Die in diesem Schritt vorgesehenen Automatisierungen und der Mitarbeitereinsatz entscheiden maßgeblich über die Wirtschaftlichkeit. Für eine erste wirtschaftliche Bewertung kann in dieser Grobplanungsphase das Verhältnis aus Mitarbeitereinsatz pro Ausbringungseinheit (Mitarbeiter/Einheiten) oder die benötigte manuelle Montagezeit pro Ausbringungseinheit (Montagezeit/Einheit) ermittelt werden. Grundsätzlich wird bei Montagen an Hochlohnstandorten angestrebt, diese Kennzahlen bei einer Skalierung zu reduzieren.

Ausgehend von den Skalierungsstufen kann die **Planung von Systemalternativen** für die einzelnen Skalierungsstufen erfolgen. Dabei sind die Systemgrenzen der zuvor ermittelten Systemabschnitte und Montagecluster zu berücksichtigen. Ein Zwischenschritt, der sich bei umfangreichen Montageplanungen anbietet, ist die Ableitung von Basiskonzepten für jede Skalierungsstufe. Bei der Entwicklung von Basiskonzepten wird zunächst eine Idealplanung für die einzelnen Skalierungsstufen vorgenommen, ohne weitere Skalierungsstufen zu berücksichtigen. Es ist offensichtlich, dass sich diese Idealplanung oftmals nicht für eine Skalierung eignet, dennoch eröffnet sie neue Lösungen und führt zu grundlegenden Erkenntnissen.

Nachdem für jede Skalierungsstufe mindestens eine Systemalternative geplant bzw. zumindest konzeptioniert ist, werden die **Skalierungspfade** entwickelt. Skalierungspfade beschreiben die Migration von einer Skalierungsstufe zur nächsten, d.h. die technische Umsetzung der Skalierung (Bild 6.10). Die Entwicklung der Skalierungsalternativen und -pfade kann ausgehend von der Grundstufe oder der höchsten Skalierungsstufe (Stufe 3 in Bild 6.10) vorgenommen werden.

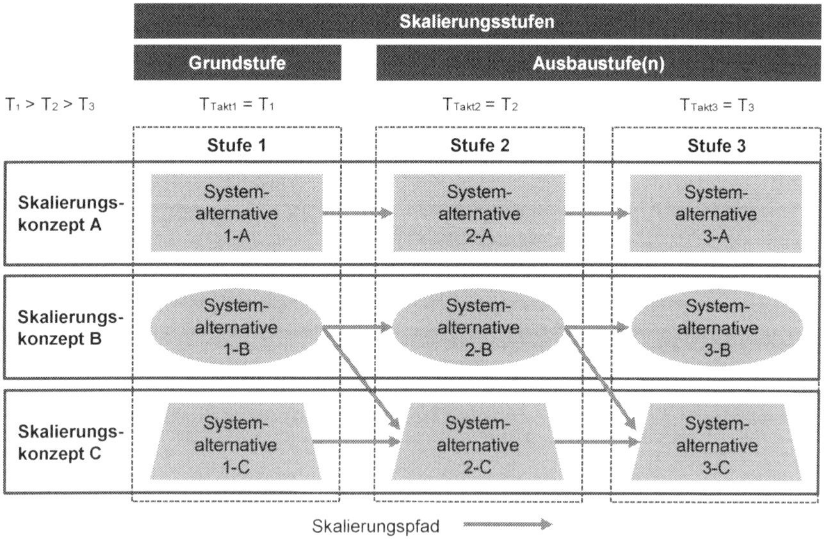

Bild 6.10: Vorgehensweise zur Entwicklung von Skalierungspfaden

Bei Fahrzeugmodulmontagen hat es sich z.B. als hilfreich erwiesen, von der Austaktung der höchsten Skalierungsstufe auszugehen, d.h. der geringsten Systemtaktzeit, und Prozessumfänge stückweise in den einzelnen Montageclustern zusammenzufassen und eine Austaktung für die Skalierungsstufen mit geringerer Stückzahlausbringung vorzunehmen. Bei übersichtlicheren Montagesystemen in der Elektronikkomponentenmontage hat sich auch die umgekehrte Vorgehensweise ausgehend von der Grundstufe hin zu Skalierungsstufen mit einem geringeren Systemtakt als zielführend herausgestellt.

Zur Entwicklung der Skalierungspfade werden die Skalierungsstrategien und -mechanismen herangezogen, die in Kapitel 5.2.1 ausführlich diskutiert worden sind. Sie zeigen auf, wie die Skalierung umgesetzt werden kann, und sind in den Systemabschnitten und Montageclustern so zu verankern, dass diese mit geringem Umbauaufwand und unter einem möglichst hohen Wiederverwendungsanteil der eingesetzten Technik skaliert werden können.

Schritt 2.2.2 Planung von Rekonfigurationskonzepten

Derzeit werden Modulgrenzen bei Montagesystemen oft ausgehend von der mechanischen Konstruktion oder von bestehenden Systemlösungen entwickelt. Wandlungstreiber gehen so nicht früh genug in den Entwicklungsprozess mit ein oder werden nicht ausreichend berücksichtigt [MUEL11a, S. 433; MUEL11b, S. 600]. Das Ziel in diesem Schritt ist es deshalb, den in der ersten Phase (Kapitel 6.2.1) identifizierten Wandlungstreiber so bei der Strukturierung des Montagesystems zu berücksichtigen, dass die in Kapitel 5.2 beschriebenen Rekonfigurationsmechanismen und Gestaltungsrichtlinien umgesetzt werden können. In diesem Schritt wird die CRC-Karten-Technik der objektorientierten Analyse aus der Softwaretechnik auf die Montagesystementwicklung übertragen und weiterentwickelt (vgl. Kapitel 3.2). Wie in Bild 6.11 gezeigt, gliedert sich die Vorgehensweise zur Planung der Rekonfigurationskonzepte angelehnt an die Methode von Müller, Esser und Eilers in drei Schritte [MUEL11b].

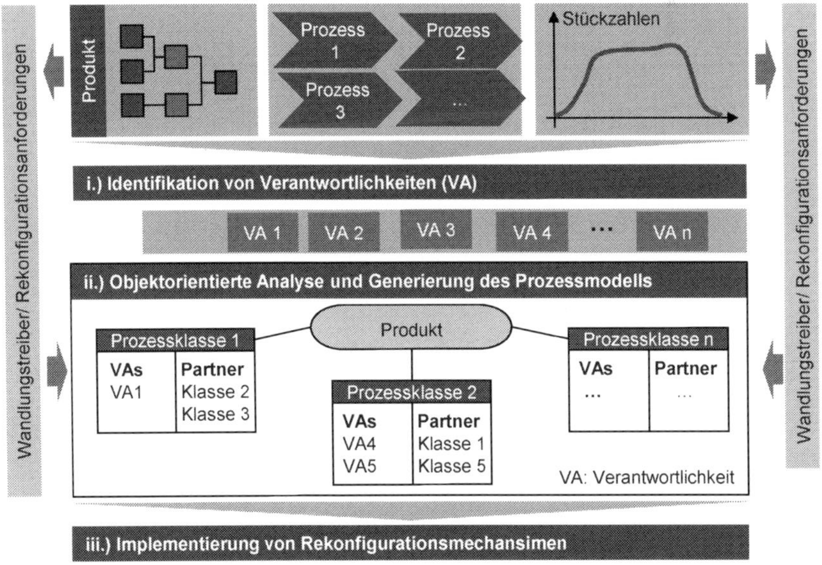

Bild 6.11: Vorgehen bei der Planung eines Rekonfigurationskonzeptes

Schritt i: Identifikation von Verantwortlichkeiten

Im ersten Schritt werden ausgehend von der Montageaufgabe Verantwortlichkeiten identifiziert. Eine **Verantwortlichkeit** umfasst, angelehnt an die Definition aus der Softwareentwicklung von Forbrig und Östereich, einen abgegrenzten Teil einer Montageaufgabe [FORB07, S. 192; OEST06, S. 45-46]. Sie umfasst die Menge durchzuführender Prozesse mit den dazu notwendigen Daten. Eine Verantwortlichkeit ist kurz und knapp, d.h. generalisiert zu formulieren.

Verantwortlichkeiten in der Montage sind so zu formulieren, dass die Montageaufgabe eindeutig beschrieben ist und eine technische Lösung gefunden werden kann, aber keine technische Ausprägung vorweggenommen wird. Für die Identifikation eines optimalen Abstraktionsgrades einer funktionalen Beschreibung kann die VDI-Richtlinie 2803 („Funktionenanalyse, Grundlagen und Methode") herangezogen werden [VDI96]. Der optimale Abstraktionsgrad für eine lösungsneutrale Beschreibung einer Verantwortlichkeit liegt demnach oberhalb der Grenze zwischen einer symbolischen und einer ikonischen Beschreibung. Eine ikonische Beschreibung ist eine bildhafte Beschreibung, wohingegen eine symbolische Beschreibung einen sehr hohen Abstraktionsgrad aufweist. Ein zu hoher Abstraktionsgrad durch eine symbolische Beschreibung sollte vermieden werden, da hierdurch zu viele nicht relevante Lösungen betrachtet werden. Angelehnt an die in der VDI 2803 vorgestellte Vorgehensweise werden Verantwortlichkeiten nach der in Bild 6.12 dargestellten Vorgehensweise identifiziert.

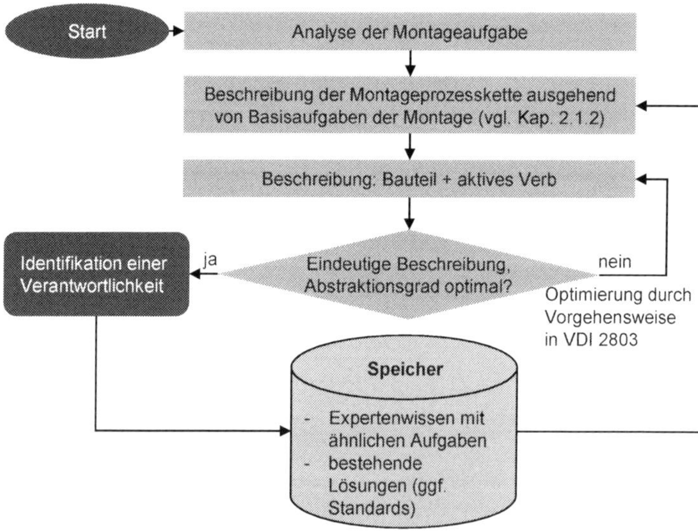

Bild 6.12: Identifikation von Verantwortlichkeiten (angelehnt an [MUEL11b, S. 603])

Die Funktionenanalyse kann für die konstruktive Umsetzung so weit fortgeführt werden, bis praktisch keine weitere Zerlegung mehr möglich ist [PAHL07, S. 47]. Diese

Elementarfunktionen können dann mithilfe von Konstruktionskatalogen in Prinziplösungen für die einzelnen Baugruppen überführt werden [BAUM04, S. 7; PAHL07, S. 47]. Für die Planung der Rekonfigurationskonzepte ist dies allerdings nicht zielführend und eine detailliertere Funktionszerlegung als in Bild 6.12 dargestellt nicht hilfreich, da ein eindeutiger Bezug zur Montageaufgabe gewährleistet sein muss. Das Ergebnis von Schritt i ist eine Beschreibung der Montageaufgabe mithilfe von Verantwortlichkeiten, welche auf einem einheitlichen Abstraktionsniveau sind und keine technische Umsetzung implizieren.

Schritt ii: Objektorientierte Analyse und Generierung des Prozessmodells

Im zweiten Schritt werden die Verantwortlichkeiten Prozessklassen zugewiesen und ein Prozessmodell des Montagesystems erstellt. Es werden solange Verantwortlichkeiten in Prozessklassen überführt, bis die Montageaufgabe vollständig im Prozessmodell abgebildet ist. In dem so generierten Prozessmodell ist hinterlegt, welche Prozessklassen zur Durchführung der Verantwortlichkeiten benötigt werden und wie diese miteinander interagieren. Nach dem Unabhängigkeitsprinzip der Modularisierung soll möglichst jede Verantwortlichkeit einer separaten Prozessklasse zugewiesen werden. Funktionale Unabhängigkeit ist ein Befähiger für eine rekonfigurierbare Systemarchitektur [STEF07, S. 96]. Bei der Zuordnung der Verantwortlichkeiten zu einzelnen Prozessklassen sind insbesondere die Auswirkungen möglicher Wandlungstreiber zu berücksichtigen. Hierbei ist ein Kompromiss zwischen funktionaler Unabhängigkeit möglichst vieler Prozessklassen (Unabhängigkeitsprinzip der Modularisierung) und sinnvoller Integration von Verantwortlichkeiten in integralen Prozessklassen zu erreichen (Integritätsprinzip der Modularisierung). Dieser Zusammenhang wird in Bild 6.13 anhand einer Prozessklasse eines vereinfacht dargestellten Achsspanners einer Montagestation zur Hinterachseinstellung erläutert. In Montagestationen zur Hinterachseinstellung werden üblicherweise vier solcher Spanneinheiten eingesetzt, um die Hinterachse für den eigentlichen Montagevorgang zu sichern (vgl. Kapitel 7.1).

Prozessklasse

Prozessmodul: Achsspanner

Attribute
Prozesseigenschaften: Spannkraft, Positioniergenauigkeit ...
Wandlungstreiber Produktveränderung: Art der Spannstelle, Dicke der Spannstelle, Art der Zentrierpunkte ...

Verantwortlichkeiten (Responsibilities)
Achsträger sichern
Achse zentrieren

Partnerklassen (Collaborators)
Produktklasse: Achsträger (Zentrier- und Spannpunkte)
Prozessklasse: Zuführeinheit ...

Realer Achsspanner

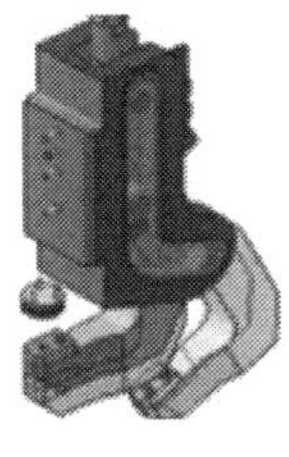

Bild: Dürr Assembly Products

Bild 6.13: Beispiel einer Prozessklasse

Die Achse muss in der Montagestation hochgenau zentriert sein, damit die notwendige Positioniergenauigkeit gewährleistet ist. Der hier dargestellte Achspanner übernimmt die Verantwortlichkeiten „Achse zentrieren" und „Achse sichern". Durch die integrale Umsetzung dieser beiden Verantwortlichkeiten ist das Prozessmodul „Achsspanner" von einer größeren Anzahl Wandlungstreiber betroffen, als wenn die beiden Verantwortlichkeiten auf zwei separate Prozessmodule aufgeteilt wären.

Schritt iii: Implementierung von Rekonfigurationsmechanismen

Das zuvor generierte Prozessmodell wird in diesem Schritt genutzt, um die Auswirkungen möglicher Rekonfigurationen untersuchen zu können. Wie von Forbrig im Kontext der Softwareentwicklung vorgeschlagen, werden zu dieser Überprüfung Gruppenrunden durchgeführt, in denen eine objektorientierte Analyse (OOA) mithilfe der CRC-Karten-Technik durchgeführt wird (vgl. Kapitel 3.2). In diesen übernimmt jeder Teilnehmer die Rolle einer Prozessklasse und repräsentiert somit ein Objekt des realen Montagesystems. In einem Rollenspiel, in dem die Teilnehmer die zugehörigen Verantwortlichkeiten der repräsentierten Klasse übernehmen, werden die Betriebsphase und die Auswirkungen möglicher Wandlungstreiber simuliert. Das technikabstrakte Prozessmodell bietet so die Möglichkeit, in einem frühen Entwicklungsstadium Auswirkungen möglicher Wandlungstreiber zu berücksichtigen. Notwendige Anpassungen der Systemstruktur und veränderte Wirkbeziehungen zwischen den Partnerklassen können so verdeutlicht werden.

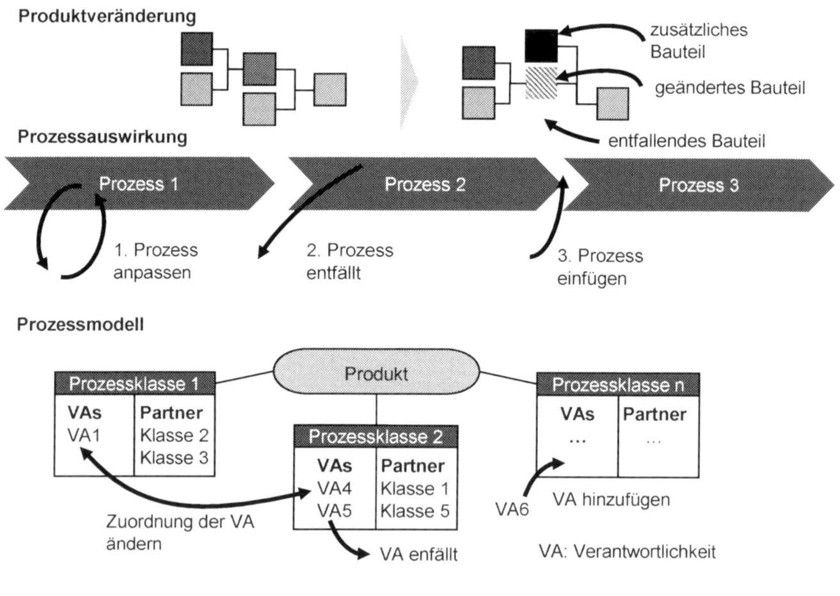

Bild 6.14: OOA zur Überprüfung des Rekonfigurationskonzeptes

Wie in Bild 6.14 dargestellt, können mithilfe einer objektorientierten Analyse potenzielle Rekonfigurationen zunächst technikabstrakt analysiert werden, bevor die Prozessklassen durch technische Lösungen konkretisiert werden. Hierbei kann sich die Zuordnung von Verantwortlichkeiten ändern, es können Verantwortlichkeiten eingefügt werden oder entfallen. Aus dem so generierten Systemverständnis und aus den Erkenntnissen aus dem Prozessmodell können Rekonfigurationsmechanismen, die in Kapitel 5.2.2 diskutiert worden sind, bei der Ausgestaltung der Prozessklassen implementiert werden.

Die intuitive Vorgehensweise der objektorientierten Analyse mithilfe des Prozessmodells hat sich vor allem in Expertenworkshops bei der Entwicklung neuer Konzepte und der Analyse bestehender Konzepte bewährt, wie in Kapitel 7.1 an einem Beispiel dargestellt wird.

6.2.3 Phase 3: Systemplanung der Wandlungskonzepte

Nachdem in der Grobplanungsphase Skalierungs- und Rekonfigurationskonzepte erarbeitet worden sind, erfolgt in der dritten Entwicklungsphase die detaillierte Planung der einzelnen Ausbaustufen. Ergebnisse der Systemplanung sind:

- Technologieauswahl für die einzelnen Prozesse
- Austaktung der Stationen
- Spezifikation des Werkstückträger- und Transportsystems
- Spezifikation von Montagestationen
- Präzisierung der Layoutgestaltung
- Konzept für die Materialbereitstellung und Logistik
- Mitarbeitereinsatzplanung
- Technische Bewertung

Die Vorgehensweise zur Generierung dieser Ergebnisse ist weitestgehend Bestandteil der Methoden zur allgemeinen Montageplanung, die dem Ordnungsrahmen entnommen werden können (vgl. Kapitel 6.1). In diesem Kapitel werden zwei Schritte vorgestellt, welche bei der Detaillierung der Skalierungs- und Rekonfigurationskonzepte und deren Bewertung unterstützen sollen.

Schritt 3.1: Detaillierung der Ausbaustufen und iterative Validierung der Wandlungskonzepte

In der zweiten Entwicklungsphase, der Grobplanungsphase, entstehen mehrere alternative Wandlungskonzepte, die wiederum mehrere Ausbaustufen bzw. Montagesystemalternativen enthalten. Im Bild 6.15 sind bspw. drei Wandlungskonzepte dargestellt, die wiederum jeweils drei Ausbaustufen umfassen. Daraus wird ersichtlich, dass die Anzahl der zu detaillierenden Montagesystemalternativen und der Entwicklungsaufwand in der Systemplanungsphase höher ist als bei einem starren System. Es ist offensichtlich, dass nicht alle Wandlungskonzepte vollständig ausgearbeitet werden können. Daher ist eine Vorgehensweise notwendig, mit der der Lösungsraum frühzeitig eingegrenzt werden kann, um den Planungsaufwand überschaubar zu halten und gleichzeitig keine zielführenden Lösungen zu verwerfen.
Um die Lösungsalternativen frühzeitig eingrenzen zu können, wird nach der Grobplanungsphase eine Bewertung der bis dahin entwickelten Wandlungskonzepte vorgenommen. Die Vorgehensweise zur Bewertung und dafür zu verwendende Kriterien werden in Schritt 3.2 vorgestellt. Nachdem eine Vorauswahl getroffen worden ist, empfiehlt sich bei der Detaillierung der einzelnen Ausbaustufen eine iterative Vorgehensweise. Damit die Migration, d.h. die Realisierung der Übergänge zwischen den Ausbaustufen, sichergestellt bleibt, ist nach der Detaillierung einer einzelnen Ausbaustufe jeweils eine Validierung des Wandlungskonzeptes vorzunehmen. So werden die Auswirkungen auf die übrigen Ausbaustufen und ggf. notwendige Anpassungen evaluiert. Zum Abschluss der Systemplanung erfolgt wieder eine Bewertung, um das Zielkonzept auszuwählen. Dafür können wie zur Eingangsbewertung der Wandlungskonzepte wieder die Kriterien aus Schritt 3.2 herangezogen werden. Die Grund-

stufe des ausgewählten Zielkonzeptes wird in der vierten Entwicklungsphase vollständig ausgearbeitet.

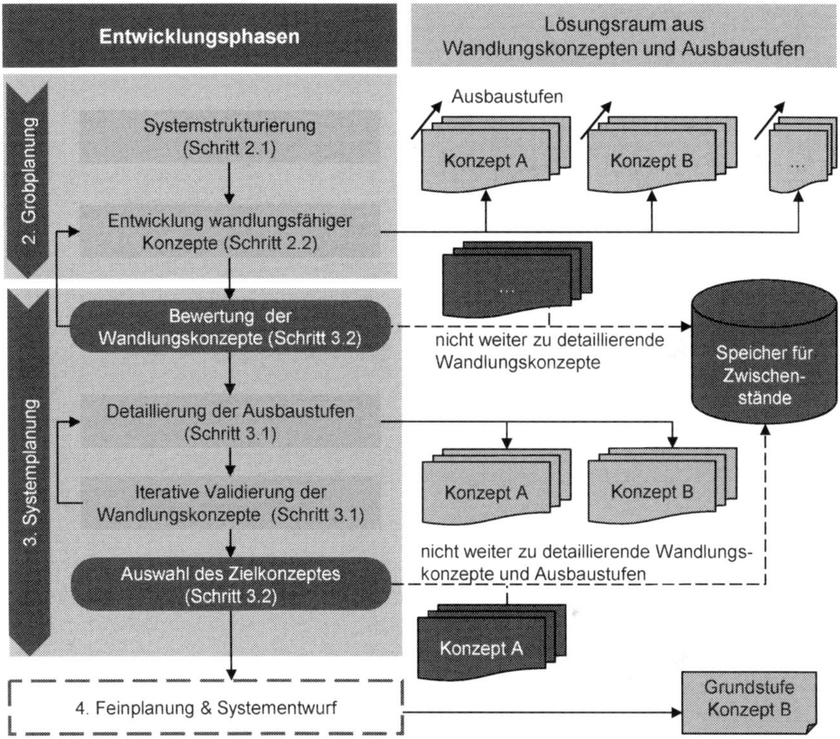

Bild 6.15: Vorgehen zur iterativen Validierung der Wandlungskonzepte

Schritt 3.2 Bewertung der Wandlungskonzepte und Auswahl des Zielkonzeptes

Dadurch dass bei einem wandlungsfähigen Montagesystem mehrere Ausbaustufen vorgesehen werden, ist der Planungsaufwand höher als bei einem konventionellen starren System. Daher ist es zielführend, so früh wie möglich auf Basis objektivierbarer Bewertungskriterien eine Eingrenzung und Priorisierung der auszuplanenden Lösungen vorzunehmen. Zur Durchführung der Bewertung wird das Verfahren nach Zangemeister herangezogen, das ein gängiges und praktisch gut umsetzbares Verfahren darstellt [ZANG70]. Dieses wird auch zur Bewertung von Montagesystemen herangezogen wird, wie u.a. von [BULL86, S. 192-198; KONO03, S. 61-63; KLUG11, S. 155] aufzeigt wird. Die Vorgehensweise gliedert sich in drei Punkte:

i. Ableiten von Bewertungskriterien

ii. Gewichtung der Bewertungskriterien bspw. mittels paarweisem Vergleich

iii. Durchführung, Auswertung und Beurteilung der Bewertung

Bei einem technischen System ist die Aufstellung der Bewertungskriterien die eigentliche Herausforderung, weniger die methodische Durchführung der Bewertung. Daher wird in diesem Schritt auf Punkt i der drei Punkte eingegangen. Es werden Bewertungskriterien vorgestellt, die eine pragmatische Herangehensweise zur Bewertung von Wandlungskonzepten ermöglichen.

Eine Herausforderung bei der praktischen Anwendung von Bewertungsansätzen für wandlungsfähige Fabriken, Produktionssysteme und im speziellen für Montagesysteme ist, dass die Bewertungskriterien oftmals durch einen weiten Betrachtungsfokus zu abstrakt formuliert sind. Zur Bewertung wandlungsfähiger Lösungen werden oft die sogenannten Wandlungsbefähiger nach Hernandéz (Modularität, Skalierbarkeit, Universalität, Kompatibilität und Mobilität) herangezogen, wie verschiedene Autoren aufzeigen [HEIN08, NOFE06, KOCH11]. Eine Herausforderung dieser Bewertungskriterien ist, dass sich bspw. nur schwer quantifizieren lässt, wie modular, universell oder kompatibel eine Lösung im Vergleich zu einer anderen ist.

Der in dieser Arbeit abgeleitete Katalog aus Bewertungskriterien gliedert sich in die drei Kategorien Allgemein, Rekonfigurierbarkeit und Skalierbarkeit. Diese sind in der Übersicht in Bild 6.16 dargestellt und weitestgehend selbsterklärend. Eine Erläuterung der einzelnen Bewertungskriterien ist zusätzlich im Anhang in Bild 10.3 zu finden. Ausschlaggebend für die Realisierbarkeit einer Skalierung oder einer Rekonfiguration ist der Umbauaufwand hinsichtlich der zeitlichen Dauer bzw. des Produktionsausfalls und der Kosten. Um die dafür notwendige wirtschaftliche Abschätzung des Umbauaufwandes vorzunehmen, ist ein grundlegendes Verständnis der eingesetzten Technik u.a. aus ähnlichen Vorgängerprojekten notwendig. Im Anhang in Bild 10.4 ist eine Arbeitshilfe dargestellt, mit der diese Abschätzung im Projekt RePlaMo vorgenommen worden ist.

Bewertungskategorien und -kriterien

- Allgemeine Kriterien
  - Personalproduktivität
  - Mitarbeiterauslastung
  - Störanfälligkeit des Gesamtsystems
  - Auslastung von Automatikstationen
  - Zugänglichkeit für Materialbereitstellung
  - Gesamtflächenbedarf
  - Flächenproduktivität
- Rekonfigurierbarkeit
  - Austauschbarkeit und Integrierbarkeit von Stationen
  - Austauschbarkeit und Integrierbarkeit von Prozessmodulen
  - Universalität von Prozessmodulen
  - Anpassungsfähigkeit von Prozessmodulen
  - Anpassungsfähigkeit der Werkstückträger
- Skalierbarkeit
  - Investitionsabstufung
  - Wiederverwendungsgrad der Betriebsmittel
  - Flächenbedarfsabstufung
  - Umbauaufwand bei Skalierung
  - Mitarbeiterauslastung im Skalierungsfall
  - Reduzierung der Arbeitsinhaltskomplexität
  - Vorhandensein von Erweiterungsflächen
  - Rekonfigurierbarkeit des Transportsystems

Bild 6.16: Bewertungskriterien für Skalierungs- und Rekonfigurationskonzepten

7 Realisierung wandlungsfähiger Lösungen

In diesem Kapitel wird aufgezeigt, wie die in dieser Arbeit gewonnenen Erkenntnisse bei der Entwicklung wandlungsfähiger Lösungen unterstützen. Ziel des vollzogenen Forschungsprozesses ist es, die erzielten Ergebnisse zur Beherrschung realer Montagesysteme einzusetzen. Dafür werden Herausforderungen und Lösungen aus der Elektronikkomponenten- und Fahrzeugmodulmontage dargestellt, die mit mehreren Montagesystemherstellern und -anwendern erarbeitet worden sind. Die Anwendungsbeispiele decken den ganzheitlichen Betrachtungsfokus der Methodik ab, indem alle Hierarchieebenen eines Montagesystems betrachtet werden. Bild 7.1 gibt einen Überblick über die betrachteten Hierarchieebenen sowie den Entwicklungsfokus der einzelnen Anwendungsbeispiele.

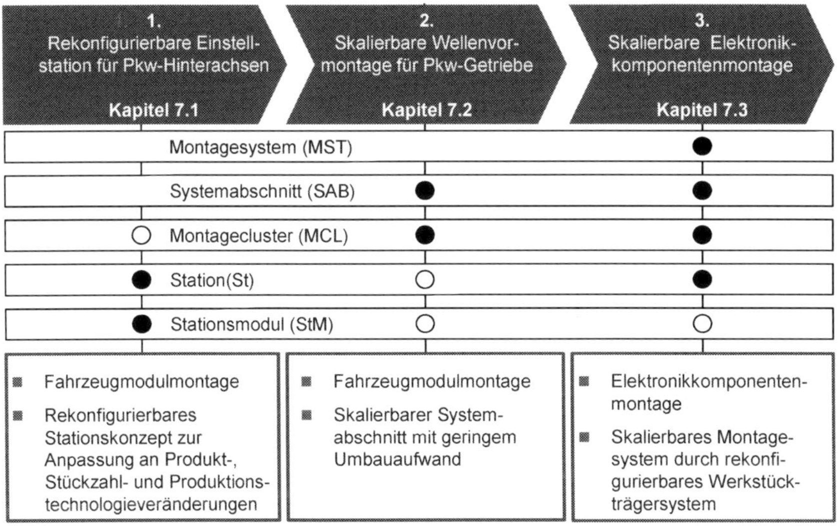

Bild 7.1: Überblick über die Anwendungsbeispiele

7.1 Rekonfigurierbare Einstellstation für Pkw-Hinterachsen

In diesem Kapitel wird dargestellt, wie die vorgestellte Methodik zur Entwicklung eines automatisierten Prozesses auf Stationsebene angewendet werden kann. Als Beispiel dient eine rekonfigurierbare Hinterachseinstellstation. Der Betrachtungsfokus des Anwendungsbeispiels ist die Stationsebene. Es wird aufgezeigt, wie stationsübergreifende Anforderungen mithilfe des Referenzmodells für die Entwicklung eines Rekonfigurationskonzeptes berücksichtigt werden, um die benötigte Rekonfigurierbarkeit in der Station vorzusehen. Die dargestellten Ergebnisse sind in einem Forschungsprojekt mit Experten der Fa. Dürr Assembly Products entstanden, die über langjährige Erfahrungen mit der Hinterachsmontage und insbesondere mit dem Prozess der Hinterachseinstellung verfügen.

7.1.1 Einordnung des Anwendungsbeispiels

In der Prozesskette von der Vormontage der Hinterachse bis zum fertig montierten Gesamtfahrzeug gibt es verschiedene Möglichkeiten zur Einstellung der Fahrwerkgeometrie. Die derzeit am häufigsten umgesetzte Option zur Einstellung der Hinterachse ist die Voreinstellung in einer Meß- und Einstellstation in der Achsvormontagelinie [MUEL11d]. An dieser Stelle im Montageprozess ist das Fahrwerk noch nicht mit der Karosserie verbunden und daher gut zugänglich für die Vermessung und Einstellung. Die Montage eines Achsmoduls besteht aus drei Systemabschnitten, wie in Bild 7.2 dargestellt ist. Im ersten Abschnitt wird der Achsträger auf einen Werkstückträger aufgenommen und es werden einzelne Achskomponenten wie Achsträger, Radträger, Lenker oder Bremsen montiert. Im zweiten Abschnitt werden die manuell vorgeschraubten Achskomponenten mithilfe von handgeführten prozessüberwachten Schraubwerkzeugen oder mit einer vollautomatisierten Schraubstation verschraubt. Im dritten Abschnitt wird die Achse Inbetrieb genommen, d.h. die einzelnen Komponenten werden überprüft und die Geometrie justiert bzw. eingestellt. Im Fokus dieses Anwendungsbeispiels ist der dritte Abschnitt, in dem meist eine oder mehrere kostenintensive Hinterachseinstellanlagen eingesetzt werden.

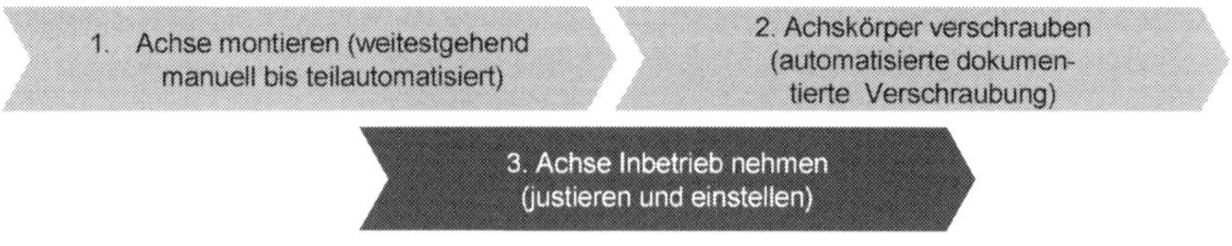

Bild 7.2: Systemabschnitte der Hinterachsmontage

7.1.2 Phase1: Ermittlung der benötigten Wandlungsfähigkeit

Schritt 1.1: Analyse der Montageaufgabe

Die Achsen stellen bei Fahrzeugen die Verbindung zwischen der Karosserie und den Rädern her. Eine Hinterachse besteht aus einem Achsträger, auch Hilfsrahmen genannt, und den Aufhängungskomponenten. Diese umfassen verschiedene Lenker, die Federung, die Dämpfung und die Radträger [GIES08, S. 383]. Die Radnaben sind mit mehreren Lenkern am Achsträger befestigt, die eine stabförmige Verbindung darstellen. Auch wenn heute meist keine lenkbaren Hinterachsen realisiert werden, hat die Hinterachse einen großen Einfluss auf das Wank- und Nickverhalten, die Geradeausfahrt sowie das Eigenlenkverhalten des Fahrzeugs [GIES08, S. 413ff.]. Das Fahrverhalten und somit die Fahrsicherheit eines Pkws wird maßgeblich durch die kinematischen Eigenschaften der Hinterachse beeinflusst [WALL05, S. 265]. Für die spätere Funktion sind die einstellbaren Fahrwerkkennwerte wie Spur und Sturz von Relevanz. Ziel in der Achsmontage ist es, diese Kennwerte möglichst genau und prozesssicher einzustellen. Hierbei sind Einstellwerte in einem Toleranzbereich von wenigen Winkelminuten zu realisieren (~ $^{+}/_{-}$ 3').

Die Einzelspurwerte und der Sturzwert einer Hinterachse werden durch die Ausrichtung der Radnaben definiert. Die Ausrichtung des Radträgers und somit die Fahrwerkgeometrie kann über sogenannte Spur- und Sturzlenker eingestellt werden. Dabei wird die Position des Anbindungspunktes am Achsträger oft mithilfe einer Exzenterschraube (Schraube, die fest verbunden ist mit einer Exzenterscheibe) eingestellt. Das Einstellprinzip ist in Bild 7.3 für einen Spurlenker dargestellt. Durch die Drehung der Exzenterschraube wird die Position des Spurlenkers in Richtung der Querachse verschoben und somit die Orientierung der Radnabe verstellt.

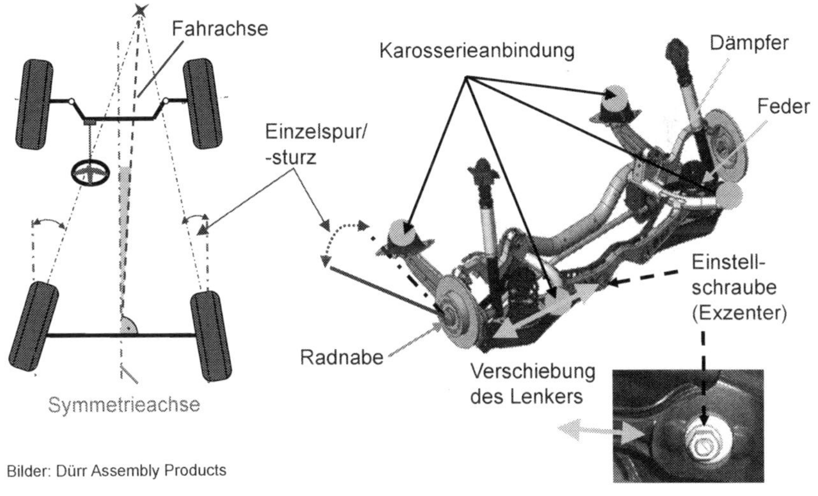

Bild 7.3: Einstellung der Fahrwerkgeometrie

Aus Sicht der Achsentwicklung gibt es eine Vielzahl Beschreibungsmerkmale zur Klassifizierung der Achsen, bspw. die Lenker- und Gelenkarten, die Anzahl der verbauten Lenker oder die Orientierung der verbauten Lenker [GIES08, S. 385]. Die für die Produktklassifizierung aus Sicht der Fahrzeug- bzw. Achsentwicklung relevanten Beschreibungsmerkmale sind nicht zwangsläufig für die Montagesystementwicklung relevant. Bei der Analyse der Montageaufgabe gilt es vor allem, den Fokus auf montagerelevante Produktmerkmale zu legen. Im Folgenden wird daher zunächst der Montageprozess dargestellt, bevor über diesen Zusammenhang die montagerelevanten Produktmerkmale weiter analysiert werden können.

Der Montageprozess wird anhand einer generalisierten Prozesskette und einer Prinzipskizze des Montagevorgangs erläutert. Die Prozesskette gliedert sich in neun Basisaufgaben und ist in Bild 7.4 dargestellt. Das Prinzip des Achseinstellprozesses ist in Bild 7.5 anhand einer Prinzipskizze verdeutlicht. Die Prozesskette ist so generalisiert, dass diese für alle Produktvarianten gültig ist und keine technische Lösung für das Montagesystem vorgibt. Nach dem Einfördervorgang wird die Lage der Achse zur Achseinstellstation ausgerichtet. Der Ausrichtvorgang erfolgt entweder separat oder in einem Schritt mit der Fixierung. Bevor die Achsgeometrie vermessen und eingestellt werden kann, wird die Achse mit der Achslast belastet, die im Verbauzustand im Fahrzeug vorliegt. Dafür wird in die Radnaben und die Federangriffspunkte eine Belastung eingeleitet, während der Achsträger fixiert ist.

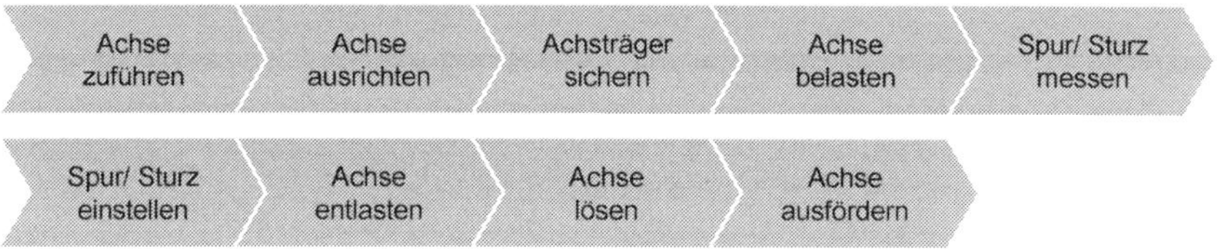

Bild 7.4: Prozesskette Achseinstellung

Um Setzerscheinungen der Gummilager und Verbindungselemente zu minimieren und einen Belastungszustand zu erzeugen, der dem späteren Einbauzustand entspricht, wird die Achse mehrmals durchgefedert. Schließlich wird die Achse in die sogenannte Konstruktions-Nulllage gebracht, d.h. sie wird mit der im Fahrzeug vorliegenden Achslast beaufschlagt. Im anschließenden Justageprozess wird die Achsgeometrie vermessen und eingestellt. Nach einer Prüfmessung der Einstellung wird der Belastungszustand gelöst und die Achse aus der Anlage ausgefördert.

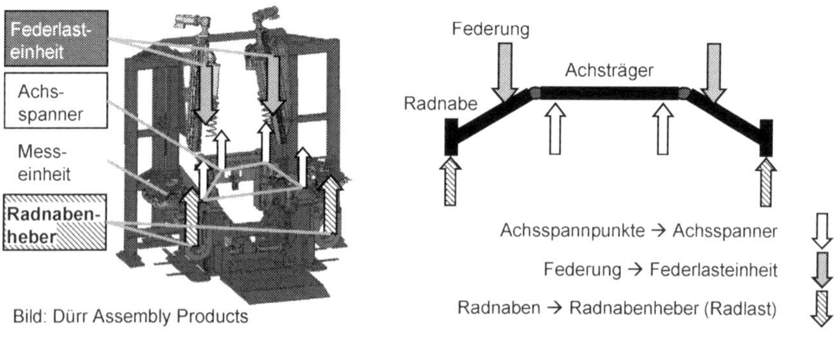

Bild 7.5: Prinzip des Achseinstellprozesses

Eine Achseinstellstation zur Umsetzung dieser Prozesskette besteht, wie in Bild 7.5 dargestellt, prinzipiell aus einem Grundgestell, an dem ein Achsheber, ein Radnabenheber, ein Achsspanner, eine Federlasteinheit, eine Einstelleinheit sowie eine Messeinheit befestigt sind.

Da bei der Fa. Dürr Assembly Products bereits eine Vielzahl realisierter Anlagenprojekte vorlagen, wurden bestehende Prozess- und Anlagendokumentationen sowie sich in der Inbetriebnahme befindende Anlagen mit in die Prozessanalyse einbezogen.

Der Stationsaufbau variiert je nach Einsatzzweck, wie in Bild 7.6 dargestellt ist. Derzeit werden entweder Stationen mit Tischaufbau oder Portalstationen eingesetzt. Tischstationen werden manuell oder mithilfe eines Roboters von oben beladen. Dieser Aufbau bietet eine gute Zugänglichkeit für die Mitarbeiter zur Durchführung eines manuellen Einstellprozesses. Tischstationen eignen sich für Kleinserien und als Nacharbeitstationen. Portalstationen hingegen ermöglichen die Durchfahrt bodengeführter oder aufgeständerter Transfersysteme. Durch das Portal können automatisiert zustellbare Schraubereinheiten für die Einstellung leichter angebracht werden. Eine manuelle Einstellung durch einen Mitarbeiter wird allerdings erschwert. Portalstationen werden deshalb meist als vollautomatisierte Inline-Stationen mit durchlaufendem Transport realisiert.

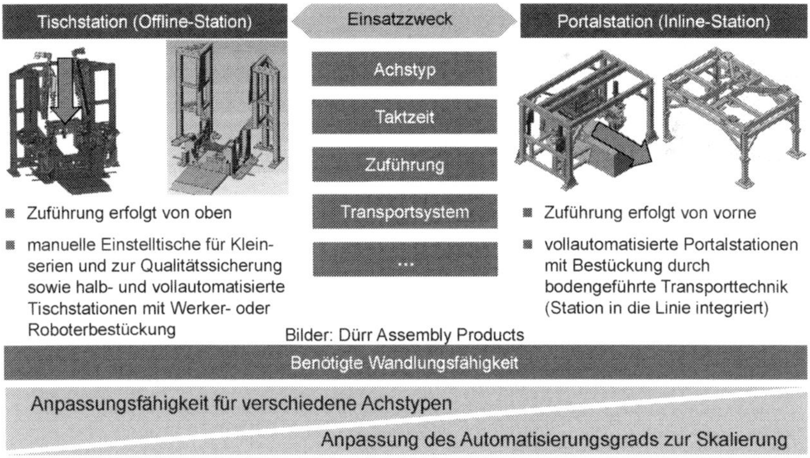

Bild 7.6: Derzeitige Hinterachseinstellstationen (angelehnt an [MUEL11d])

U.a. im Rahmen einer Expertenbefragung mit verschiedenen Automobilherstellern und Systemzulieferern konnten die Wandlungshemmnisse bestehender Hinterachseinstellstationen ermittelt werden. Weitere Informationsquellen hierfür waren Workshops, die mit Experten der Fa. Dürr Assembly Products in der Initiierungsphase des Kooperationsprojektes durchgeführt wurden.

Derzeit wird, in Abhängigkeit von den Produktionsrandbedingungen, eines von den beiden in Bild 7.6 dargestellten Anlagenkonzepten eingesetzt. Mit beiden Stationskonzepten ist eine nachträgliche Anpassung an Stückzahlveränderungen nur schwer möglich. Eine weitestgehend manuell ausgeführte Tischstation, die für die Erprobung von Achsprototypen sowie die Kleinserie eingesetzt wird, kann nur mit erheblichem finanziellen Aufwand umgebaut und in der Serienproduktion weiterverwendet werden. Hochautomatisierte Portalstationen hingegen rentieren sich für geringe Stückzahlen nicht, da bereits alle Prozessmodule vollautomatisiert sind.

Darüber hinaus werden derzeit meist produktspezifische Einstellanlagen eingesetzt, deren Wiederverwendbarkeit in Folgeprojekten nicht rentabel ist. Dies hängt auch damit zusammen, dass Anpassungen an einzelnen Prozessmodulen oftmals nicht unabhängig durchgeführt werden können und weitere Prozessmodule beeinflussen. Darüber hinaus sind einzelne Prozessmodule oftmals produktspezifisch ausgeführt. Insgesamt weisen derzeitige Hinterachseinstellstationen eine Vielzahl von Wandlungshemmnissen auf, welche die Motivation für die Entwicklung eines rekonfigurierbaren Stationskonzeptes darstellt.

Schritt 1.2: Beschreibung des wandlungsfähigen Lösungsraums

Zur Verknüpfung der aus Montagesicht relevanten Produktmerkmale und zur Erfassung möglicher Produktveränderungen wird eine Produkt-Montage-Morphologie (PMM) erstellt.

Prozessschritt	**Produktmerkmal**	**Ausprägungen (A)**		
		A1	A2	...
Achse zuführen	Aufrüstzustand der Federn, Bremssättel, Dämpfer ...	vorhanden	nicht vorhanden	-
	Achskonzept	offen	geschlossen	-
Achse ausrichten	Art der Ausrichtpunkte	Gummilager	Gummmilager + Gummilager mit Tuben	...
	Längslenker vorhanden	ja	nein	...
	Zugänglichkeit der Ausrichtpunkte	eingeschränkt, nur von oben	von beiden Seiten	...
Achse sichern	Art der Sicherungspunkte	Zentrier- = Spannpunkte	Gummilager	...
	Einleitung der Spannkraft	von oben	von unten	...
Achse belasten	Feder- und/oder Dämpferausführung	Federdämpfer	Feder + Dämpfer separat	...
	Aufrüstzustand Bremsscheibe	vorhanden	nicht vorhanden	-
	Radnabe/Radanbindung	Radschrauben	Stehbolzen	-

Bild 7.7: Produkt-Montage-Morphologie für eine Hinterachseinstellstation

Die PMM stellt den Zusammenhang zwischen dem Montageprozess, den für die einzelnen Prozessschritte relevanten Produktmerkmalen und den möglichen Merkmalsausprägungen dar (vgl. Kapitel 6.2.1). Die Gestaltung der Achszuführung (Prozess „Achse zuführen") hängt bspw. maßgeblich vom Achskonzept und dem vorliegenden Aufrüstzustand der Achse ab. Ein Ausschnitt relevanter Produktmerkmale sowie mögliche Ausprägungen sind in Bild 7.7 dargestellt. Die in diesem Schritt identifizierten Produktveränderungen werden bei der Planung des Rekonfigurationskonzeptes (Kapitel 7.1.3) mithilfe des Prozessmodells einzelnen Prozessmodulen zugeordnet und gehen als Rekonfigurationsanforderungen mit in die Gestaltung ein.

Schritt 1.3: Entwicklung einer Montagestrategie

Als Abschluss der ersten Entwicklungsphase wird eine Montagestrategie formuliert, die als Grobpflichtenheft für den weiteren Entwicklungsprozess dient. Diese beschreibt die Anforderungen an die neue Montagestation in den Dimensionen Produkt, Stückzahl und Montagetechnologie:

Produkt

- Die Hinterachseinstellstation soll für typische einstellbare offene und geschlossene Achskonzepte einsetzbar sein.
- Die Hinterachseinstellstation soll mit geringem Aufwand für neue Produktvarianten oder -änderungen rekonfigurierbar sein.

Stückzahl

- Die gesamte Bandbreite möglicher Zykluszeiten für eine Vor- oder Kleinserie bis hin zu einer Großserie soll realisiert werden.
- Ein stufenweiser Ausbau soll unter Weiterverwendung der getätigten Investitionen ermöglicht werden.

Montagetechnologie

- Die Produktanpassungsfähigkeit soll entweder durch universelle oder durch rekonfigurierbare Stationsmodule realisiert werden.
- Eine Anpassung des Automatisierungsgrades soll durch den Austausch von Stationsmodulen realisiert werden.
- Die Hinterachseinstellanlage soll für alle relevanten Produktionsrandbedingungen (Transportsysteme, Werkstückträger, Anordnung der Achsmontage...) kompatibel sein.

7.1.3 Phase 2: Grobplanung wandlungsfähiger Montagekonzepte

Schritt 2.1: Ermittlung einer Montagestruktur mithilfe des Referenzmodells

Bevor auf die Gestaltung der eigentlichen Montagestation eingegangen wird, werden stationsübergreifende Zusammenhänge mithilfe des Strukturmodells erfasst. Das Montageumfeld, in dem die Einstellstation angesiedelt ist, wird dafür in einem Strukturmodell abgebildet (Bild 7.8). Der Systemabschnitt „Achse Inbetrieb nehmen" besteht u.a. aus dem Montagecluster (MCL) „Achse messen und einstellen", in dem eine oder mehrere Hinterachseinstellstationen eingesetzt werden. Mit dem so generierten Strukturmodell des relevanten Montageclusters lassen sich die stationsübergreifenden Anforderungen an die Montagestation analysieren, die in Bild 7.9 zusammengefasst sind.

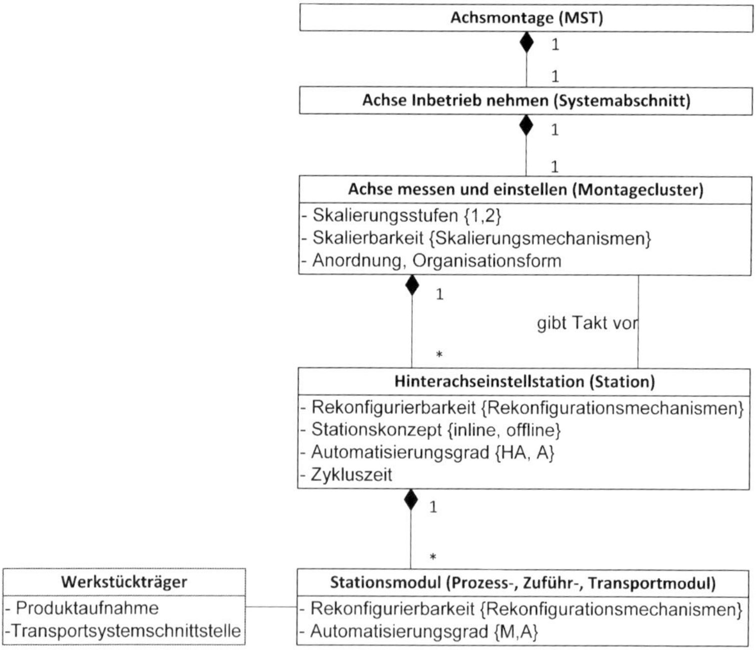

Bild 7.8: Strukturmodell für den Montagecluster „Achse messen und einstellen"

Zunächst konnte festgestellt werden, dass sich für die vorliegende Prozesskette als Skalierungsmechanismen neben einer Parallelisierung der ganzen Station nur ein stufenweise automatisierbares Stationskonzept anbietet. Weitere Skalierungsmechanismen, bspw. das „Serielle Einbringen zusätzlicher Stationen", sind für die vorliegende Prozesskette diskutiert worden, haben sich aber als nicht praktikabel herausgestellt. Aus den prinzipiell möglichen Anordnungen einer Achseinstellstation resultiert die Anforderung, dass die Montagestation als Inline- und Offline-Station einsetzbar sein soll. Bezogen auf die Transportsystemkompatibilität sind neben Rollenbahnen fahrerlose Transportsysteme, Elektrohängebahnen oder manuelle Lösungen durchaus üblich. Von dieser Varianz ist im Wesentlichen die Zuführung in die Station betroffen. An die Zuführung bzw. Handhabungseinheiten der Montagestation wird weiterhin die Anforderung gestellt, kompatibel hinsichtlich verschiedener Werkstückträger sowie Orientierungen der Achse im Bezug zum Transportsystem zu sein.

System-element	**Eigenschaft**	**mögliche Anforderungen**		
		Anforderung 1	Anforderung 2	...
Montage-cluster	Anordnung	ins Transportsystem integriert (inline)	vom Transportsytem entkoppelt (offline)	-
	Skalierungsmechanismus	Duplizierung der Station	stufenweise Automatisierung	...
Station	Stationskonzept	inline	offline	-
	Zykluszeit	Vor- und Kleinserie	Großserie	-
	Automatisierungsgrad	halbautomatisch (HA)	automatisch (A)	-
Transport-modul	Transportsystem-schnittstelle	Friktionsrollenbahn, fahrerloses Transportsystem (FTS), Elektrohängebahn (EHB), manuell geführter Wagen, Transportwagen ...		
Werkstück-träger	Produktaufnahme (Orientierung der Achse)	Achsausrichtung quer zur Transportrichtung	Achsausrichtung längs zur Transportrichtung	-
	Werkstückträgertyp	WT der Achsmontage	WT aus der Aufrüstlinie vor der Hochzeit	...

Bild 7.9: Anforderungen an die Gestaltung der Montagestation

Schritt 2.2.2: Planung von Rekonfigurationskonzepten

Für die Planung des Rekonfigurationskonzeptes wird die methodische Vorgehensweise genutzt, die in Kapitel 6.2.2 in Schritt 2.2.2 dargestellt worden ist. Ein Rekonfigurationskonzept einer Montagestation umfasst ein Prozessmodell, in dem eine prozessorientierte Strukturierung und die zur Durchführung der Montageaufgabe notwendigen Stationsmodule (Zuführ-, Transport- und Prozessmodule) abgebildet werden. Die späteren Stationsmodule bzw. Objekte der Montagestation und deren Interaktion untereinander werden durch Prozessklassen abgebildet. Mithilfe des Prozessmodells soll ermittelt werden, wie die Systemgrenzen der einzelnen Stationsmodule zu wählen sind und wie diese zu einer Station zusammengesetzt werden können. Dabei ist zum einen zu identifizieren, welche Prozessmodule für eine nachträgliche Automatisierung austauschbar gestaltet werden müssen. Um die notwendige Rekonfigurierbarkeit zur Anpassung an Produktveränderungen vorzusehen, sind zum anderen die Modulgrenzen so zu gestalten, dass einzelne Baugruppen der Stationsmodule austauschbar sind oder Produktadapter universell ausgelegt sind.

Das Ziel in diesem Anwendungsbeispiel war es, mithilfe einer objektorientierten Analyse einen von bestehender Technik und damit verbundenen Wandlungshemmnissen losgelösten Systementwurf vorzunehmen, der hinsichtlich der Wandlungstreiber bzw. der Rekonfigurationsanforderungen optimal ist. Die objektorientierte Analyse wurde in mehreren Workshops mit Experten der Fa. Dürr Assembly Products durchgeführt, in denen, angelehnt an die objektorientierte Analyse der Softwaretechnik mithilfe der CRC-Karten-Technik, die einzelnen Prozessklassen und das gesamte Modell generiert wurden. Ausschlaggebend bei der Planung eines Rekonfigurationskonzeptes war neben der methodischen Anwendung der objektorientierten Analyse, die eine konsequent von bestehenden technischen Lösungen losgelöste Vorgehensweise erfordert, vor allem das Erfahrungswissen der beteiligten Experten. So sind in die Generierung des Prozessmodells das Erfahrungswissen aus zahlreichen Referenzprojekten sowie ein fundiertes Produkt- und Prozessverständnis eingegangen.

Zusammen mit allen beteiligten Akteuren wurden sukzessive Prozessklassen im Prozessmodell eingeführt, die jeweils abgegrenzten Verantwortlichkeiten zur Durchführung der Montageaufgabe nachkommen. Dieser Methodenschritt wurde solange wiederholt, bis so viele Prozessklassen eingeführt waren, dass zum einen allen zur Durchführung der Montageaufgabe (Hinterachseinstellung einschließlich der notwendigen Handhabungsvorgänge) notwendigen Verantwortlichkeiten nachgekommen wird. Zum anderen war es das Ziel, die Verantwortlichkeiten so den einzelnen Prozessklassen zuzuweisen, dass eine spätere Rekonfiguration begünstigt wird.

In Bild 7.10 ist eine vereinfachte Darstellung des daraus generierten Prozessmodells mit den Prozessklassen und den jeweiligen Verantwortlichkeiten dargestellt.

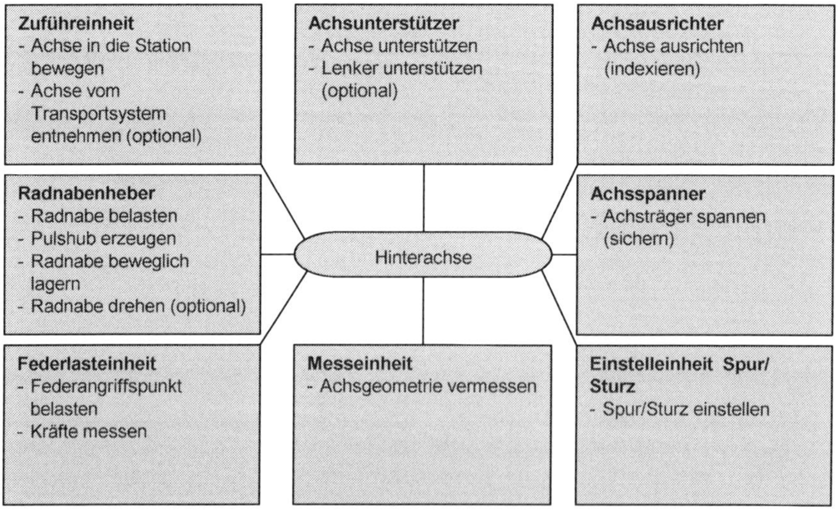

Bild 7.10: Vereinfachtes Prozessmodell der Hinterachseinstellanlage

Auf Basis des Prozessmodells wurden, wiederum angelehnt an die CRC-Kartentechnik, durch Diskussionen in Gruppenrunden die Notwendigkeit neuer Prozessklassen, die Konsistenz des Gesamtentwurfs sowie die Auswirkungen potenzieller Wandlungstreiber verifiziert. Das Prozessmodell wurde auch genutzt, um bereits in dieser frühen Entwicklungsphase vor der konstruktiven Umsetzung Interaktionen zwischen den Prozessklassen, die Objekte bzw. Stationsmodule der realen Montagestation repräsentieren, zu untersuchen. Dies ist im Anhang für zwei der Prozessklassen detaillierter dargestellt (Bild 10.5). Anhand des Prozessmodells konnte auch bereits die Auswirkung einer Variation des Automatisierungsgrades einzelner Stationsmodule analysiert werden. Ein variabler Automatisierungsgrad wurde u.a. für die Zuführeinheit, den Achsausrichter, den Achsspanner sowie die Einstelleinheiten diskutiert. Diese Prozessmodule sollen in der neuen Montagestation sowohl manuell als auch automatisiert dargestellt werden.

7.1.4 Phase 3: Systemplanung der Wandlungskonzepte

Parallel zu den drei vorhergehenden Entwicklungsphasen wurde von der Fa. Dürr Assembly Products mit der konstruktiven Umsetzung der Hinterachseinstellanlage begonnen. Die Ergebnisse der vorausgegangenen Entwicklungsphasen wurden in einer rekonfigurierbaren Hinterachseinstellstation umgesetzt, die in Bild 7.11 dargestellt ist. Das standardisierte Basismodul ermöglicht die Zugänglichkeit für die verschiedenen Achsen, die sich in Abmessungen und Aufbau teilweise stark unterscheiden können. In das Grundgestell des Basismoduls wird der Adapterrahmen eingehängt, der den Träger für Stationsmodule bildet.

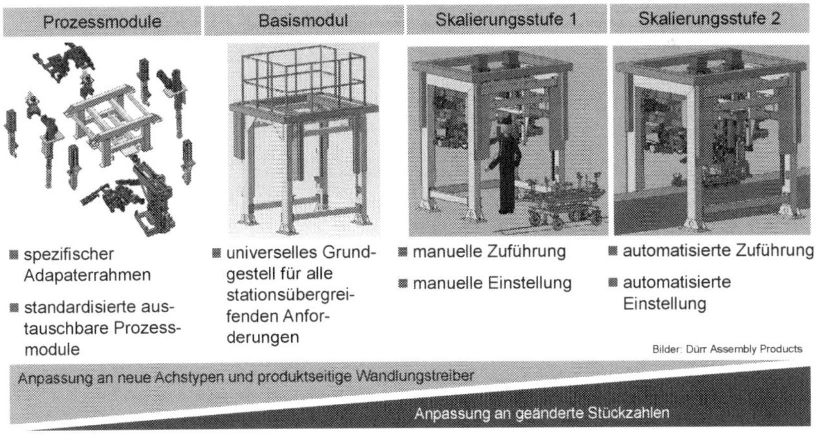

Bild 7.11: Rekonfigurierbare Hinterachseinstellstation

Die Stationsmodule wurden auf Basis des zuvor vorgestellten Prozessmodells so gestaltet, dass sie hinsichtlich der bekannten Bandbreite an Produktmerkmalen und potenzieller Produktveränderungen rekonfigurierbar oder universell gestaltet sind. Neben einer Anpassung an Produktveränderungen ermöglicht die rekonfigurierbare

Station den Austausch von Prozessmodulen zur Automatisierung. Wie in Bild 7.11 auf der rechten Seite dargestellt ist, kann eine Skalierung vorgenommen werden, indem die Zuführung sowie die eigentliche Einstellung zunächst manuell und in der zweiten Skalierungsstufe automatisiert ausgeführt werden.

7.1.5 Kritische Reflexion und Fazit

Die Methodik hat sich als praxistaugliche Unterstützung bei der Entwicklung einer rekonfigurierbaren Montagestation herausgestellt. Mithilfe des Strukturmodells wurden zunächst stationsübergreifende Anforderungen systematisch erfasst. Eine wesentliche stationsübergreifende Anforderung war die Umsetzung eines für den Inline- und Offline-Einsatz tauglichen Stationskonzeptes. Die Vorgehensweise zur Generierung eines Prozessmodells, die der objektorientierten Analyse in der Softwareentwicklung entlehnt ist, hat bei der Ableitung einer geeigneten Modulstruktur und der einzelnen Prozessmodule unterstützt. Die im Prozessmodell generierten technikneutralen Prozessklassen wurden in Prozessmodulen umgesetzt, in denen die notwendige Rekonfigurierbarkeit berücksichtigt werden konnte. Die in dem Kooperationsprojekt von der Fa. Dürr Assembly Products umgesetzte Hinterachseinstellstation zeigt auf, dass neben der Modularisierung ein standardisiertes Basismodul sowie dazu abgestimmte Prozessmodule für eine praxistaugliche Rekonfigurierbarkeit notwendig sind.

7.2 Skalierbare Wellenvormontage für Pkw-Getriebe

7.2.1 Einordnung des Anwendungsbeispiels

In diesem Anwendungsbeispiel wird die Entwicklung einer skalierbaren Wellenvormontage für Pkw-Getriebe beschrieben. Die in diesem Anwendungsbeispiel entwickelten Skalierungskonzepte wurden im Verbundprojekt RePlaMo zusammen mit Experten der Fa. ThyssenKrupp System Engineering und der Fa. Platos hinsichtlich der Umsetzbarkeit verifiziert.

7.2.2 Phase 1: Ermittlung der benötigten Wandlungsfähigkeit

In dem Anwendungsbeispiel sind Doppelkupplungsgetriebe näher betrachtet worden, für die ein Prinzipaufbau in Bild 7.12 dargestellt ist. Ein Doppelkupplungsgetriebe besteht aus zwei Gehäusehälften, in die ein Radsatz eingesetzt wird. Weitere Baugruppen sind das Ausgleichsgetriebe, die Doppelkupplung, die Mechatronikeinheit und verschiedene Anbauteile. Eine Pkw-Getriebemontage kann üblicherweise in Vormontagebereiche für den Radsatz (die sog. Wellenvormontage), die Mechatronikeinheit, die Doppelkupplung sowie eine Hauptmontage und einen Prüfbereich unterteilt werden.

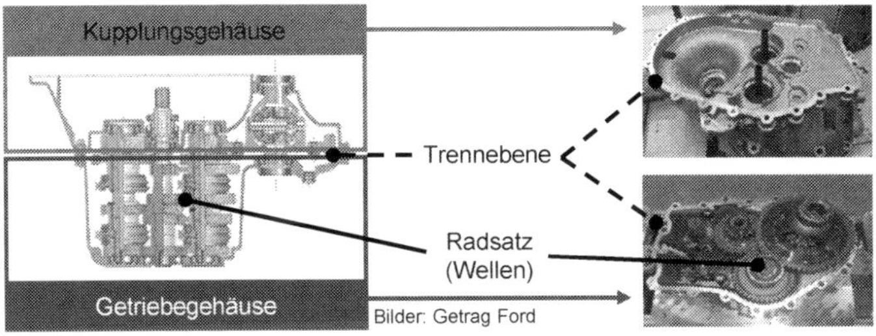

Bild 7.12: Aufbau eines Pkw-Doppelkupplungsgetriebes

Schritt 1.1: Analyse der Montageaufgabe

Im Fokus dieses Anwendungsbeispiels steht die Wellenvormontage eines Pkw-Getriebes, daher wird im Folgenden die Montageprozesskette dieses Vormontagebereiches erläutert. Die Darstellung der Montageaufgabe wird so vorgenommen, dass diese nachvollziehbar ist, spezifische Produkt- und Prozessinformationen werden nicht dargestellt. Ein Radsatz eines Doppelkupplungsgetriebes besteht im Wesentlichen aus mehreren Wellen, die in einer Vormontage aufgebaut und zusammengesetzt werden. Diese wird daher als „Wellenvormontage" bezeichnet.

Ein Radsatz eines Doppelkupplungsgetriebes besteht aus zwei Triebwellen (TW) und zwei Antriebswellen (AW, Hohlwelle: innere und äußere AW), die koaxial angeordnet sind. Funktional gesehen handelt es sich um zwei Teilgetriebe, die jeweils mit dem Antrieb verbunden sind. Jedes Teilgetriebe besteht aus einer vom Motor angetriebenen Triebwelle, die über eine Zahnradpaarung im Eingriff mit einer Antriebswelle ist. Beide Triebwellen sind jeweils mit der Doppelkupplung über ein Ausgleichsgetriebe mit dem Ausgang verbunden. Der Gangwechsel erfolgt mithilfe der Kupplung, indem eine der beiden Triebwellen mit dem Ausgang verbunden wird. [NAUN07, S. 173ff.]

In Bild 7.13 ist ein vollständiger Radsatz dargestellt, der bereits in ein Getriebegehäuse eingesetzt ist. Darüber hinaus ist zur Erläuterung des Montageprozesses eine Explosionsansicht einer einzelnen Welle dargestellt. Auf die Welle werden verschiedene Bauteile gefügt, u.a. Losräder, Synchronisierungskörper und Lagerungen. Die Synchronisierungskörper stellen den Kraftschluss zwischen den Triebwellen und den losen Zahnrädern her. Auf die Antriebswelle werden Festräder aufgepresst.

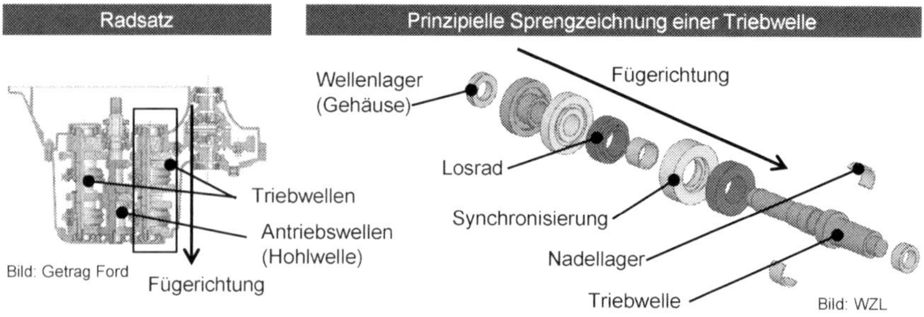

Bild 7.13: Radsatz eines Pkw-Getriebes und Explosionsansicht einer Welle

Die Wellenmontage setzt sich aus den in Bild 7.14 dargestellten Prozessschritten zusammen. Zunächst werden eine Reihe von Bauteilen durch Zusammensetz- oder Pressoperationen auf die Wellen gefügt. Anschließend werden die Triebwellen zur axialen Sicherung mit einer Schraube am Wellenende gesichert. Die für die Zahnradpaarungen relevanten Lagersitze werden vermessen, bevor die einzelnen Wellen oder der komplette Radsatz in die Hauptmontage übergesetzt wird.

Bauteile zusammensetzen	Bauteile/-gruppen auf Welle fügen	Wellen verschrauben	Wellen messen	kompl. Radsatz übesetzen
▪ Synchronringe montieren ▪ …	▪ Bauteil/-gruppe zuführen ▪ Lager/-innenring aufpressen ▪ Synchronisierungsring aufpressen ▪ Zahnrad aufpressen ▪ Bauteil/-gruppe auflegen ▪ Losrad auflegen ▪ Bauteil beölen			▪ Lager-außenringe übersetzen ▪ Wellen übersetzen

Bild 7.14: Prozesskette der Wellenvormontage

Schritt 1.2. Beschreibung des wandlungsfähigen Lösungsraums

Der Fokus des Anwendungsbeispiels liegt auf der Entwicklung eines Skalierungskonzeptes. Die dafür zugrunde gelegte Stückzahlprognose variiert innerhalb von 16 Jahren zwischen 500 Einheiten pro Tag (E/T) und 1500 E/T. Die in Bild 7.15 dargestellten Stückzahlverläufe wurden für das Forschungsprojekt RePlaMo zugrunde gelegt, spiegeln eine realitätsnahe Entwicklung wider, entsprechen aber keiner realen Prognose. Im zugehörigen Stückzahlszenario werden eine pessimistische, eine neutrale und eine optimistische Stückzahlprognose angenommen.

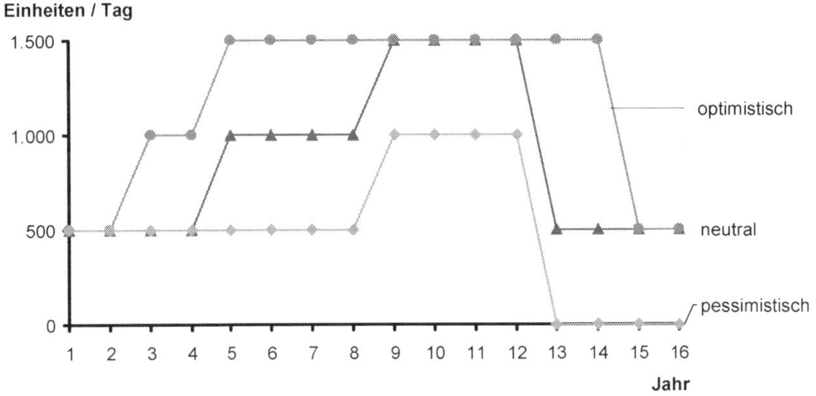

Bild 7.15: Stückzahlszenario

Schritt 1.3: Entwicklung einer Montagestrategie

Die Anforderungen an den wandlungsfähigen Lösungsraum werden zum Abschluss der ersten Planungsphase in einer Montagestrategie zusammengefasst. Ein primäres Ziel war es, eine hohe Wiederverwendbarkeit der installierten Anlagentechnik in allen Skalierungsstufen und einen geringen Umbauaufwand zu erzielen. Die Montagestrategie kann in drei Prämissen zusammengefasst werden:

- Die gesamte Stückzahlbandbreite soll durch ein skalierbares Montagesystem abgedeckt werden.
- Eine hohe Wiederverwendbarkeit der eingesetzten Anlagentechnik soll erzielt werden.
- Der Umbauaufwand (Kosten und Umbauzeit) des bestehenden Montagesystems und damit verbundener Produktionsstillstand ist so gering wie möglich zu halten.

7.2.3 Phase 2: Grobplanung wandlungsfähiger Montagesysteme

Schritt 2.1: Ermittlung einer Montagestruktur mithilfe des Referenzmodells

Zunächst wird die Wellenvormontage anhand des in Kapitel 6.2.2 vorgestellten Kriterienkatalogs in Montagecluster eingeteilt, um die Einplanung von Skalierungsmechanismen zu erleichtern. Für die vorliegende Prozesskette werden so vier Montagecluster identifiziert (Bild 7.16). Im Montagecluster „Wellen aufbauen" wiederholen sich die Prozessschritte „Bauteile zusammensetzen" und „Bauteil-/gruppe auf Welle fügen", bis alle Bauteile auf der jeweiligen Welle montiert sind. Hierfür werden im Wechsel Bauteile/-gruppen zugeführt und durch Auflegen oder Pressen auf die Welle gefügt sowie Beölvorgänge durchgeführt. Wie aus der Prozesskette in Bild 7.13 und Bild 7.14 ersichtlich, wiederholen sich für mehrere Bauteile (Triebwellen und Antriebswellen) eine Reihe von Prozessschritten mit sehr ähnlichen Prozesseigenschaften.

Die Verschraubung, die Messstation und der Übersetzer werden als separate Montagecluster betrachtet. Für diese Montagecluster werden keine skalierbaren Lösungen betrachtet, da diese aufgrund der Qualitätsanforderungen bereits in der Erstausbaustufe als Automatikstationen vorgesehen worden sind.

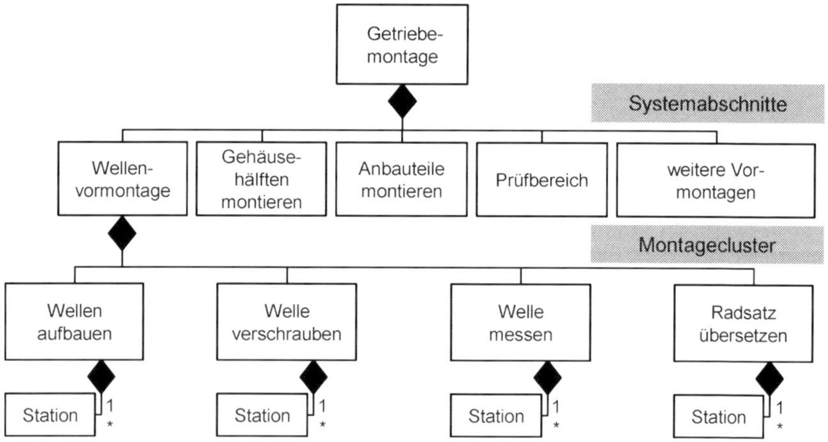

Bild 7.16: Systemstrukturierung der Wellenvormontage

Schritt 2.2.1: Planung von Skalierungskonzepten

Für die Planung der Skalierungskonzepte werden im Montagecluster „Wellen aufbauen" standardisierte Pressstationen eingesetzt, die im Rahmen des Verbundprojektes RePlaMo von der Fa. ThyssenKrupp System Engineering entwickelt worden sind. Das Stationskonzept wird im Folgenden dargestellt, da es für das Verständnis des Anwendungsbeispiels wichtig ist. An dem C-Grundgestell der Automatikstation befinden sich an der Oberseite Schnittstellen für bis zu drei Pressenstempel. Diese Prozessmodule wie auch die Gegenhalter haben feste Fügepositionen, zu denen der Werkstückträger positioniert wird. Die Wellen befinden sich in Bauteilaufnahmen auf dem WT und werden zur Fügeposition ausgerichtet (Bild 7.17, rechts).

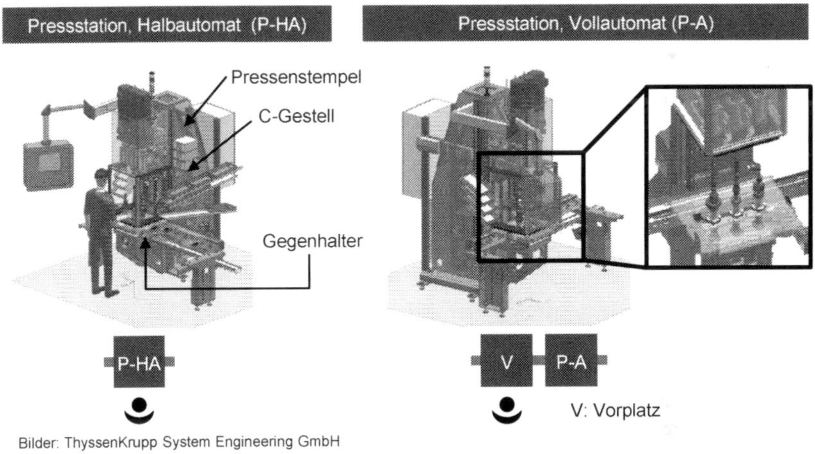

Bild 7.17: Pressstation

Auf dem Werkstückträger sind Bearbeitungspositionen für drei Wellen und zusätzlicher Freiraum zur Kommissionierung von Einzelteilen vorgesehen. An jedem Pressenstempel können mithilfe eines Werkzeugwechslers bis zu zwei Werkzeuge vorgesehen werden, wodurch sechs verschiedene Werkzeuge in einer Station nutzbar sind. Durch Anpassungen des Standardsystems können optional auch zusätzliche Werkzeuge vorgesehen werden. Der Werkzeugwechsel kann automatisch wie auch manuell erfolgen. Für jeden Pressenstempel können Beöleinheiten angebracht werden.

Mit dieser Pressstation können verschiedene Stationskonzepte realisiert werden. Die Station kann als Inline-Station in ein Transportsystem integriert oder als Offline-Station angeordnet werden. In diesem Anwendungsbeispiel wird nur die Inline-Variante weiter betrachtet. Darüber hinaus kann die Station entweder als Halbautomat oder als Vollaumat eingesetzt werden. Bei einem Halbautomaten (P-HA) interagiert ein Mitarbeiter mit der Presse (Bild 7.17, links). Wie im vorherigen Kapitel erläutert, besteht der Montagecluster „Wellen aufbauen" aus den sich wiederholenden

Prozessschritten „Bauteil zuführen“ und „Bauteil auflegen“ oder „Bauteil verpressen“. Nachdem der Mitarbeiter ein Bauteil in den Halbautomaten zugeführt und auf die Welle aufgesetzt hat, findet ein automatischer Pressenvorgang statt.

Bei einem Vollautomaten (P-A) erfolgt der manuelle Prozessanteil („Bautei/-gruppe auflegen oder zuführen“) in einem separaten Vorplatz (Z). Der Mitarbeiter steht an einem Vorplatz, an dem die Materialbereitstellung vorgesehen ist (Bild 7.17, rechts). Nachdem der Mitarbeiter das Bauteil bzw. den Fügepartner auf die Welle aufgesetzt hat, fährt der Werkstückträger in die vollautomatische Presse, in der der Pressvorgang stattfindet. Der Vorteil hierbei ist, dass manuelle und automatische Prozesse entkoppelt sind.

Im Folgenden werden drei Skalierungskonzepte vorgestellt. Die Ergebnisse werden so dargestellt, dass die Grobplanung der Skalierungskonzepte nachvollziehbar ist, aber keine Prozessinformationen hinsichtlich des genauen Mitarbeitereinsatzes, der Auslastung oder weitere Prozessdetails ersichtlich sind. Der Montagecluster „Welle aufbauen“, in dem die vorgestellten Pressstationen eingesetzt werden, wird skalierbar gestaltet. Für die Verschraubung, den Messvorgang und das Übersetzen werden automatisierte Montagestationen angenommen, die hinsichtlich der Skalierbarkeit nicht weiter betrachtet werden. Die Gestaltung einer skalierbaren Montagestation ist in Kapitel 7.1 bereits exemplarisch am Beispiel einer rekonfigurierbaren Hinterachseinstellstation erläutert worden.

Das betrachtete Stückzahlszenario weist eine Stückzahlbandbreite von 500 E/T bis 1500 E/T auf. Daher werden Skalierungskonzepte mit den in Bild 7.18 dargestellten Ausbringungsstufen und Skalierungspfaden entwickelt. Die Planungsschritte der Grobplanung wie bspw. die Austaktung werden im Rahmen dieses Anwendungsbeispiels nicht näher erläutert. Die Vorgehensweise zur Planung mehrerer Ausbaustufen und der daraus resultierende Entwicklungsaufwand werden in Kapitel 7.3 am Beispiel einer überschaubareren Prozesskette im Detail dargestellt.

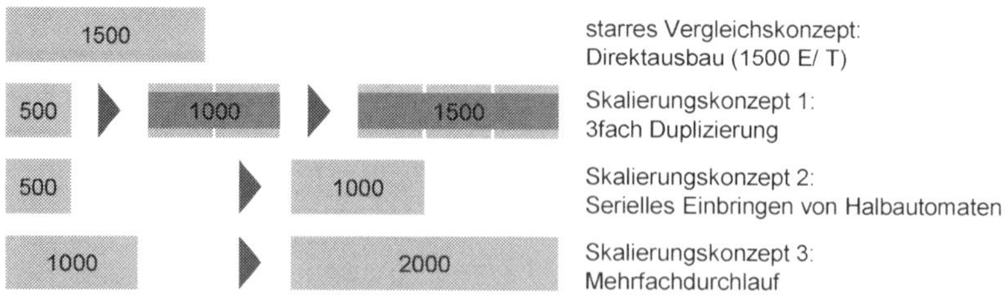

Bild 7.18: Übersicht der Skalierungskonzepte (Einheiten/Tag)

Bevor auf die skalierbaren Lösungen eingegangen wird, wird als Ausgangslösung ein starres Konzept mit einer Ausbringung von 1500 E/T vorgestellt. In Bild 7.19 ist eine Wellenvormontage mit einer Ausbringung von 1500 E/T dargestellt. Für die Darstellung und Veröffentlichung des Anwendungsbeispiels ist die vereinfachte Annahme getroffen worden, dass zum Aufbau einer Welle acht Pressenvorgänge notwendig sind. Somit können alle Wellen des Radsatzes an den acht hier dargestellten Doppelstationen, bestehend aus Zuführ- und Pressstation, montiert werden. Der Mitarbeiter legt am Vorplatz (V) Bauteile auf die Welle, die in der automatischen Pressstation (P-A) verpresst werden. Die Radsätze werden mit einem automatischen Übersetzer zur Hauptmontage übergesetzt. Die Materialbereitstellung erfolgt von außen über das Transportband, während die Mitarbeiter innen stehen.

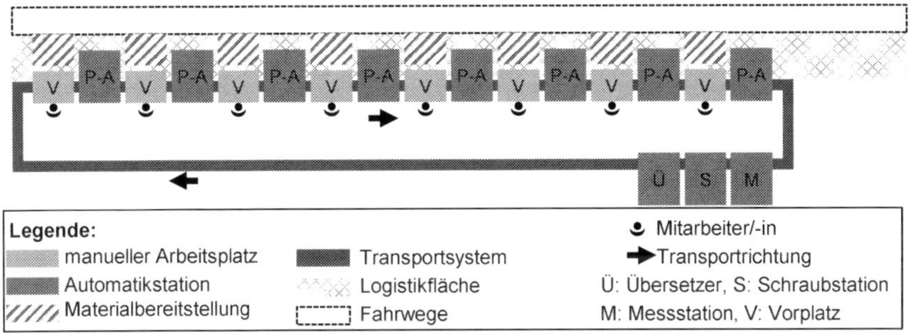

Bild 7.19: Direktausbau als Vergleichssystem (1500 E/T)

Im **ersten Skalierungskonzept** werden in der ersten Ausbaustufe des Montageclusters „Wellen aufbauen" drei Halbautomaten vorgesehen (Bild 7.20). Für die Skalierung wird der ganze Montagecluster erst dupliziert und dann verdreifacht, sodass in der Endausbaustufe neun Halbautomaten vorgesehen sind. Der Montagecluster „Wellen aufbauen" besteht aus drei parallelen Strängen mit jeweils identischen Halbautomaten.

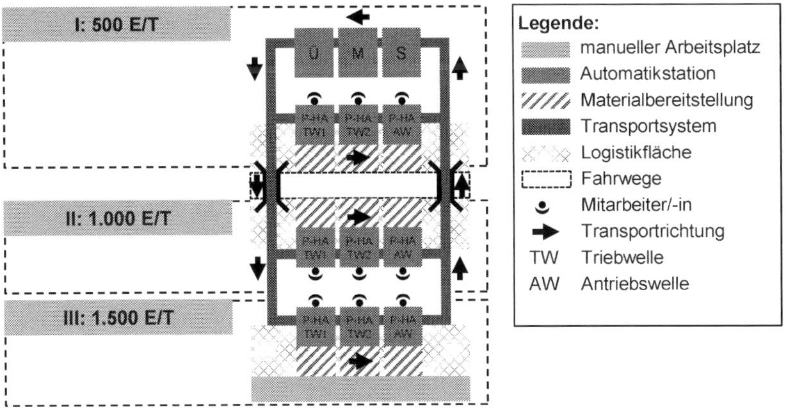

Bild 7.20: Skalierungskonzept 1: Parallelisierung

In der dritten Skalierungsstufe wird das Transportsystem mit einer Brückenlösung mit Werkstückträgeraufzügen über den Logistikweg geführt. Der Montagecluster wird in der dritten Skalierungsstufe so angeordnet, dass ein arbeitsplatzübergreifender Mitarbeitereinsatz stattfinden kann. So kann durch die Variation der Mitarbeiteranzahl die Ausbringung angepasst werden. Die Verkettung erfolgt mithilfe einer Rollenbahn. Alternativ kann auch ein fahrerloses Transportsystem (FTS) eingesetzt werden, wodurch die Brücke eingespart werden kann.

Im **Skalierungskonzept 2** wird die Grundstufe seriell um drei weitere Halbautomaten ergänzt und eine Umtaktung der Prozessumfänge vorgenommen (Bild 7.21). Der mechanische Grundaufbau der drei Stationen der Grundstufe kann unverändert in der zweiten Skalierungsstufe weiterverwendet werden. Da die Basismodule der Stationen, die Pressenstempel und die Gegenhalter in allen Stationen identisch aufgebaut sind, können u.a. Werkzeuge und Beöleinheiten, die nach dem Ausbau nicht mehr benötigt werden, in die zusätzlichen Stationen integriert werden.

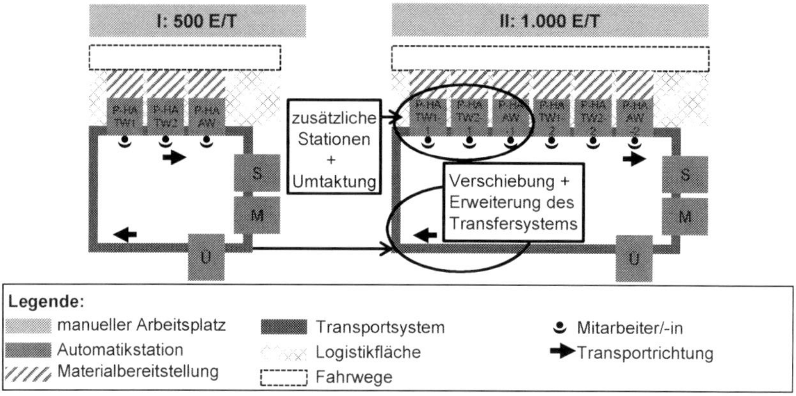

Bild 7.21: Skalierungskonzept 2: Serielles Einbringen zusätzlicher Stationen

Eine alternative Möglichkeit zur Skalierung durch das serielle Einbringen zusätzlicher Stationen besteht darin, in der ersten Skalierungsstufe Halbautomaten (P-HA) mit vorgelagerten Vorplätzen zu kombinieren. Diese Alternative wird im Folgenden prinzipiell vorgestellt (Bild 7.22). Der Mitarbeiter kann zunächst am Vorplatz Bauteile einlegen, die dann in dem Halbautomaten verpresst werden. Anschließend kann der Mitarbeiter weitere Bauteile in denselben Halbautomaten einlegen, bevor ein weiterer Pressenvorgang stattfindet. In der zweiten Skalierungsstufe werden zwischen die bestehenden Doppelstationen ein weiterer Vorplatz und eine Automatikpresse (P-A) ins Transportsystem integriert. Alle Pressen fungieren in der zweiten Skalierungsstufe ausschließlich als Automatikstationen, während die Zuführung von Bauteilen an den Vorplätzen erfolgt. Durch den in Bild 7.22 dargestellten Skalierungsmechanismus kann die Ausbringung in Abhängigkeit von der Vorrangfolge in etwa verdoppelt werden. Voraussetzung für dieses Skalierungskonzept ist, dass die Stationsaufbauten sowohl als Halbautomaten, d.h. mit Mitarbeiterinteraktion, als auch als Vollautomaten betrieben werden können.

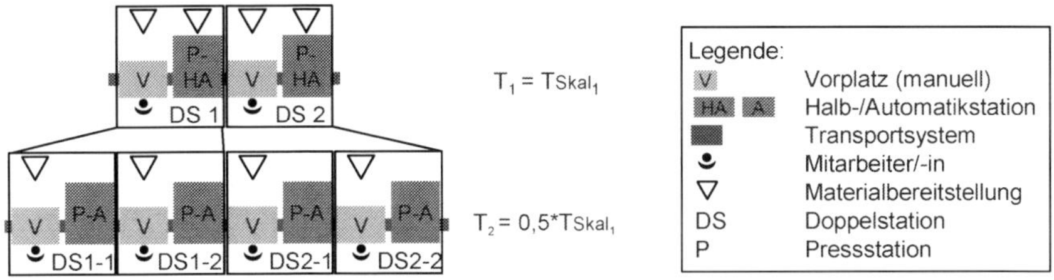

Bild 7.22: Skalierungskonzept 2 mit Halbautomatik- und Automatikstationen

Bei **Skalierungskonzept 3** wird der Skalierungsmechanismus „Mehrfachdurchlauf" umgesetzt. Im Folgenden wird zunächst der Skalierungsmechanismus „Mehrfachdurchlauf" im Detail dargestellt, der in Kapitel 5.2.1 prinzipiell eingeführt worden ist. Wie bereits in Bild 7.13 dargestellt, werden auf die Wellen eines Getriebes verschiedene Bauteile aufgepresst (Zahnräder, Lager, Synchronisierungsringe ...). Obwohl eine Vielzahl verschiedener Bauteile verpresst werden, weisen die einzelnen Pressoperationen eine hohe Ähnlichkeit untereinander auf (gleiche Fügerrichtung, ähnliche Presskräfte, ähnlicher Bauraum). Für die Montage der Welle werden abwechselnd Bauteile auf die Welle aufgesetzt und anschließend auf der Welle verpresst. In dem Prinzipbild ist dies für zwei zu verpressende Bauteile dargestellt. In Prozess P1 wird das Fügeteil 1 manuell auf die Welle aufgelegt, fährt in die Automatikpresse und wird verpresst (Prozess P2).

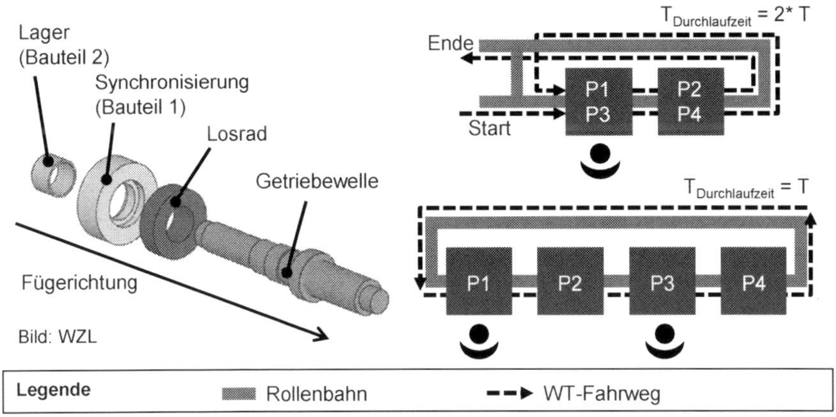

Bild 7.23: Skalierungsmechanismus Mehrfachdurchlauf

Im zweiten Durchlauf legt der Mitarbeiter das Bauteil 2 auf (Prozess P3) und der Werkstückträger fährt zum zweiten Mal in die Automatikpresse (Prozess P4). Die Route des Werkstückträgers ist mit einer gestrichelten Linie dargestellt. Die Zykluszeiten der einzelnen Stationen sind identisch in der ersten und zweiten Skalierungsstufe. Voraussetzung für den beschrieben Mehrfachdurchlauf ist eine Pressstation, mit der die beiden Pressvorgänge P2 und P4 realisiert werden können. In ähnlicher Weise kann dieser Skalierungsmechanismus für Prozessketten genutzt werden, in denen automatische Schraubprozesse im Wechsel mit manuellen Zuführprozessen (Zuführen und Heften der Schrauben) durchgeführt werden. Grundvoraussetzung für diesen Skalierungsmechanismus sind ähnliche sich wiederholende Prozessschritte, die in einer Automatikstation gebündelt werden können.

Im Skalierungskonzept 3 werden die vier in der ersten Grundstufe aufgestellten Pressstationen in der ersten Ausbaustufe zweimal vom Werkstückträger im inneren Transportsystemkreislauf durchlaufen, bis die Wellen aufgebaut sind. In Bild 7.24 ist für eine Station dargestellt, wie die Prozessumfänge in der zweiten Ausbaustufe umgetaktet werden. Erst nach dem zweiten Durchlauf werden die Werkstückträger in den äußeren Kreislauf befördert, in dem die Messstation und die Übersetzstationen platziert sind. In der zweiten Ausbaustufe werden acht manuelle Vorplätze und Automatikpressen im Wechsel vorgesehen.

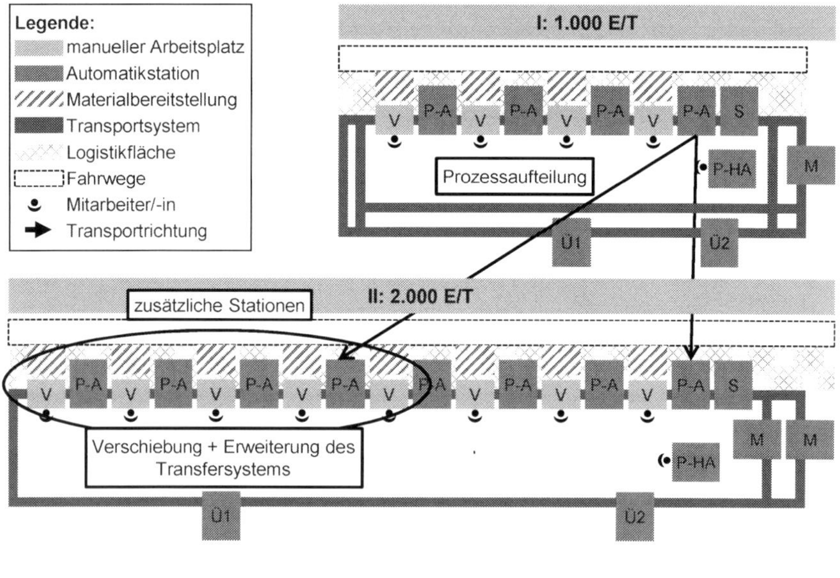

Bild 7.24: Skalierungskonzept 3: Mehrfachdurchlauf

7.2.4 Phase 3: Systemplanung der Wandlungskonzepte

Schritt 3.2: Bewertung der Wandlungskonzepte und der Ausbaustufen

Bei Skalierungskonzepten für komplexe Montagen wie die einer Wellenvormontage ist eine Eingrenzung der entwickelten Konzepte in der Grobplanungsphase notwendig, damit der Entwicklungsaufwand für die Detaillierung nicht zu hoch wird. Daher wird auf Basis der Grobplanungsdaten zunächst eine technische Bewertung durchgeführt. Das Ergebnis ist in Bild 7.25 gezeigt. Insgesamt kann festgehalten werden, dass alle drei Konzepte einen stufenweisen Ausbau des Montagesystems und eine hohe Wiederverwendung bereits vorhandener Montagestationen ermöglichen. Die geringste Störanfälligkeit weist Skalierungskonzept 1 auf, da hier ausschließlich eine Parallelisierung des Montageclusters vorgenommen wird. Die Systemerweiterung kann hier weitestgehend vorgenommen werden, ohne dass der Produktionsbetrieb unterbrochen wird. Auch im zweiten Skalierungskonzept wird eine geringe Produktionsunterbrechung im Skalierungsfall erzielt. Die für die Systemerweiterung zusätzlichen Stationen und das Transportsystem können vollständig aufgebaut und in Betrieb genommen werden, bevor für die Gesamtinbetriebnahme ein Produktionsstillstand erforderlich ist. Ein weiterer Vorteil von Konzept 1 ist, dass in der dritten Skalierungsstufe im unteren Layoutabschnitt die Mitarbeiter arbeitsplatzübergreifend arbeiten können. Daher kann auf kurzfristige Stückzahlschwankungen aufwandsarm durch eine Anpassung der eingesetzten Mitarbeiteranzahl reagiert werden. Durch die strikte Trennung von manuellen und automatischen Prozessinhalten ist bei Konzept 3 die Mitarbeiterauslastung sehr gut bewertet worden.

	Kriterium	Skalierungskonzept 1	2	3
Allgemein	relativer MA-Einsatz	○	○	●
	Mitarbeiterauslastung	◑	○	●
	Störanfälligkeit des Gesamtsystems	●	◑	◑
	Auslastung von Automatikstationen	◑	◑	●
	Zugänglichkeit für Materialbereitstellung	○	●	●
	Gesamtflächenbedarf	◑	●	●
	Flächenproduktivität	◑	◑	●

	Kriterium	Skalierungskonzept 1	2	3
Stückzahlskalierbarkeit	Investitionsabstufung	●	●	●
	Wiederverwendungsgrad der Betriebsmittel	●	●	●
	Flächenbedarfsabstufung	◑	●	●
	Umbauaufwand bei Skalierung	●	◑	●
	Verbesserung der Mitarbeiterauslastung	◑	○	●
	Reduzierung der Arbeitsinhaltskomplexität	◑	◑	●
	Rekonfigurierbarkeit des Transportsystems	○	◑	◑

Legende: ● = gut ◑ = mittel ○ = schlecht

Bild 7.25: Technische Bewertung der Wellenvormontage

Zusätzlich zur technischen Bewertung wurde im Forschungsprojekt RePlaMo von der Fa. Platos für das zweite und dritte Skalierungskonzept eine Wirtschaftlichkeitsrechnung u.a. hinsichtlich des Total-Cost-Of-Ownership durchgeführt. Der TCO-Kennwert ist zur Bewertung der Wirtschaftlichkeit von wandlungsfähigen Montagesystemen ein aussagekräftiger Kennwert, da alle über den Lebenszyklus verbundenen Kosten wie bspw. die Lohnkosten und die Rekonfigurations- bzw. Umbaukosten mit einbezogen werden. Ziel der Vergleichsrechnung war es, den Direktausbau mit den skalierbaren Systemalternativen hinsichtlich des Anlageninvests und der variablen Kosten für das Eintreten der eingangs in Bild 7.15 dargestellten Stückzahlprognosen zu vergleichen. Da für einen Wirtschaftlichkeitsvergleich maßgeblich die Investitionskosten sowie die Umbaukosten im Skalierungsfall benötigt werden, wurden die in Kapitel 7.2.3 dargestellten Skalierungskonzepte zusammen mit der Fa. ThyssenKrupp System Engineering und der Fa. Platos verifiziert. Erkenntnisse der Wirtschaftlichkeitsrechnung wurden planungsbegleitend auch zur Optimierung des Montagesystems genutzt. Ergebnis war, dass die drei Skalierungskonzepte für das Eintreten der in Kapitel 7.2.2 zugrunde gelegten pessimistischen und der neutralen Stückzahlerwartung wirtschaftliche Vorteile aufweisen. Für das pessimistische Stückzahlszenario ist das Ergebnis offensichtlich, da für den gesamten Lebenszyklus höchstens eine Kapazität von 1000 E/T benötigt wird. Bei den skalierbaren Lösungen wird in diesem Fall lediglich in eine Erstausbaustufe investiert und die Erweiterungsinvestition für den Ausbau eingespart. Für das Eintreten des optimistischen Szenarios sind die Lebenszykluskosten der starren Varianten etwa mit denen der Skalierungskonzepte identisch. Vorteilhaft für die skalierbaren Systemalternativen bleibt in diesem Fall trotzdem das geringe Risiko zum Zeitpunkt der Investitionsentscheidung. Aus Projekterfahrungen ist anzumerken, dass gravierend höhere Investitionskosten im Vergleich zu Kosten eines starren Systems meist im Projektgeschäft nicht durch eine Senkung des Investitionsrisikos zu rechtfertigen sind. Ziel muss es sein, skalierbare Lösungen zu entwickeln, die keine oder nur unwesentlich höhere Anlageninvestitionen erfordern. Ein weiteres Beispiel für eine gestufte Anlageninvestition im Skalierungsfall wird in Kapitel 7.3 im Detail vorgestellt.

7.2.5 Kritische Reflexion und Fazit

Mithilfe der in dieser Arbeit vorgestellten Methodik konnten Skalierungskonzepte entwickelt werden, die sich als technisch realisierbar und wirtschaftlich vorteilhaft erwiesen haben. Die Grobplanung alternativer Skalierungskonzepte auf Basis der Systemstrukturierung und einer Grobplanung hat sich als zielführend erwiesen.

Die Machbarkeit der Skalierungskonzepte wurde beispielhaft für die im Anwendungsbeispiel vorgestellten Pressenstationen verifiziert. Ausgangslage für die entwickelten Skalierungskonzepte waren rekonfigurierbare Pressstationen, die verhältnismäßig aufwandsarm verschoben und ins Transportsystem (wieder-)integriert werden können. Die durchgehende Verwendung standardisierter Stationsaufbauten hat sich im Planungsprozess als Befähiger für die Entwicklung eines skalierbaren Montagesystems herausgestellt, wie sich bei der technischen Bewertung des Rekonfigurationsaufwandes und dem Einblick in das Ergebnis der Wirtschaftlichkeitsrechnung zeigt.

7.3 Skalierbare Elektronikkomponentenmontage

7.3.1 Einordnung des Anwendungsbeispiels

Der Fokus dieses Anwendungsbeispiels liegt auf der Anwendung der Methodik zur Gestaltung eines skalierbaren Montagesystems für Elektronikkomponenten. Das hier dargestellte Anwendungsbeispiel wurde im Verbundprojekt RePlaMo in Kooperation mit Experten der Fa. Phoenix Contact entwickelt, die über umfangreiche Erfahrungen und detailliertes Prozesswissen im Bereich der Montage von elektronischen und elektromechanischen Produkten verfügen.

7.3.2 Phase 1: Ermittlung der benötigten Wandlungsfähigkeit

Schritt 1.1: Analyse der Montageaufgabe

Das zu montierende Produkt ist eine Elektronikkomponente, die in Nestbauweise aufgebaut ist. Sie setzt sich aus einem Gehäuse zusammen, in das eine Leiterplatte eingelegt wird (Bild 7.26).

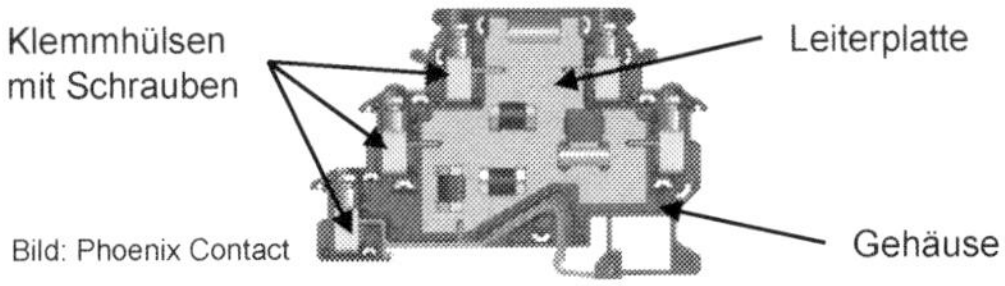

Bild 7.26: Aufbau des Produktes

An die Leiterplatte werden Klemmhülsen angelötet, in denen mit Schraubverbindung elektrische Leiter angeschlossen werden können. Ein Deckel schließt das Bauteil von oben ab. Die Prozesskette ist in Bild 7.27 dargestellt.

Leiterplatte einlegen	Baugruppe löten	Lötpunkte prüfen	Gehäuse schließen	Produkt beschriften	Produkt verpacken
▪ Gehäuse auf WT legen ▪ Leiterplatte in Gehäuse einlegen	▪ Klemmhülsen an Leiterplatte löten	▪ optische Lötstellenprüfung ▪ elektrische Lötstellenprüfung	▪ Deckel auf Gehäuse auflegen ▪ Deckel durch Einpressen fügen ▪ Klemmschrauben öffnen	▪ Kopfseite beschriften ▪ Stirnseite beschriften	▪ Produkt verpacken

Bild 7.27: Grobübersicht der Montageprozesskette

Zunächst wird die Leiterplatte in das Gehäuse eingesetzt. Nach diesem Zusammensetzvorgang können die Klemmhülsen durch einen Lötprozess an die Leiterplatte gefügt werden. Mithilfe einer Funktionsprüfung wird sichergestellt, dass die Lötung richtig durchgeführt worden ist. Nachdem der Gehäusedeckel aufgesetzt und angepresst worden ist, wird das Produkt beschriftet und verpackt.

Schritt 1.2: Beschreibung des wandlungsfähigen Lösungsraums

Das Stückzahlszenario sieht eine pessimistische, eine neutrale und eine optimistische Stückzahlerwartung vor (Bild 7.28). Die Stückzahlen variieren zwischen 400.000 Stück/Jahr im pessimistischen Szenario und 1.500.000 Stück/Jahr im optimistischen Szenario. Die Stückzahlverläufe wurden zwar für die Veröffentlichung im Forschungsprojekt RePlaMo angepasst, entsprechen somit keiner realen Markterwartung, spiegeln aber ein realitätsnahes Szenario wieder. Die mögliche Vervierfachung der Stückzahlen entspricht einer realen Herausforderung hinsichtlich volatiler Stückzahlerwartungen und macht unterschiedliche Automatisierungskonzepte erforderlich, je nachdem welche Stückzahlerwartung tatsächlich eintrifft. Es ist offensichtlich, dass hierfür die Planung einer starren Ausbaustufe nicht zielführend ist.

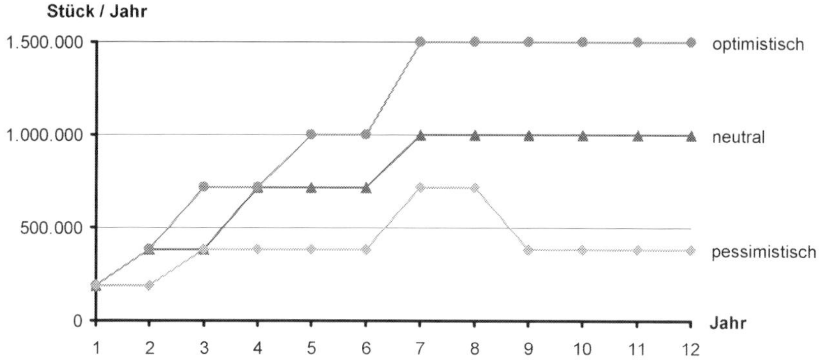

Bild 7.28: Stückzahlszenario

Schritt 1.3: Entwicklung einer Montagestrategie

Auf Basis des wandlungsfähigen Lösungsraums wird eine Montagestrategie in den Rubriken Stückzahl und Montagetechnologie definiert. Diese ist in der Planungsvorbereitungsphase mit allen am Projekt Beteiligten abgestimmt worden und fasst die Entwicklungsziele zusammen. Der Fokus in diesem Anwendungsbeispiel liegt auf der Kombination verschiedener Transport- und Werkstückträgersysteme mit dem Ziel einer aufwandsarmen Skalierung. Zum einen sollen verschiedene Transportsysteme innerhalb eines Montagesystems miteinander kombiniert werden, sodass für verschiedene Abschnitte des Montagesystems jeweils das optimale Transportsystem eingesetzt werden kann. Zum anderen soll in verschiedenen Skalierungsstufen das für die Ausbringungsstufe optimale Transportsystem eingesetzt werden.

Stückzahl

- Die gesamte Stückzahlbandbreite soll durch ein skalierbares Montagesystem abgedeckt werden.
- Die Investitionen in eine skalierbare Lösung inkl. der Umbaukosten sollen die Gesamtinvestition eines Vollausbaus nicht oder nur gering übersteigen.
- Die Skalierungsstufen sollen mit geringem technischen Umbauaufwand installiert werden können.
- Mit einem manuellen System soll ein Startszenario für einen schnellen Produktionsbeginn realisiert werden.

Montagetechnologie

- Die Prozesssicherheit soll gesteigert werden durch Weiterverwendung der Werkstückträger in mehreren Skalierungsstufen (vgl. Kapitel 2.3.1, Bild 2.15).
- In einem Montagesystem sollen verschiedene Transportsysteme abschnittsweise miteinander kombiniert werden, um für die einzelnen Prozesse in der jeweiligen Skalierungsstufe das optimale Transportsystem einzusetzen (vgl. Kapitel 2.3.1, Bild 2.16).
- Eine hohe Wiederverwendbarkeit der Betriebsmittel von der Grundstufe über die Ausbaustufen soll erzielt werden.

7.3.3 Phase 2: Grobplanung wandlungsfähiger Montagekonzepte

Schritt 2.1: Ermittlung einer Montagestruktur mithilfe des Referenzmodells

Ziel der Systemstrukturierung ist es, die Montageprozesskette hinsichtlich der Umsetzbarkeit der in Kapitel 5.2 vorgestellten Skalierungsmechanismen zu analysieren. Mithilfe der in Kapitel 6.2.2 vorgestellten Kriterien zur Identifikation von Systemabschnitten und Montagecluster wurde die in Bild 7.29 dargestellte Montagestruktur abgeleitet.

Anhand der Montagestruktur wird ersichtlich, welche Prozessumfänge ähnliche Restriktionen und Anforderungen hinsichtlich der Skalierbarkeit haben. Während der Fügeprozess der Leiterplatte ein schwer zu automatisierender Prozessschritt ist, sind für den Lötprozess der Klemmen verschiedene Automatisierungslösungen und Skalierungsmechanismen denkbar. Aufgrund der hohen Prozessähnlichkeit der Prozessumfänge „Gehäusebaugruppen zusammensetzen“ und „Deckel aufsetzen“ könnten diese beiden Prozessumfänge auch zu einem Montagecluster aggregiert werden. Allerdings werden die beiden Prozessumfänge aufgrund der Vorrangfolge zunächst getrennt betrachtet. Für die einzelnen Montagecluster können im nächsten Schritt, Schritt 2.2.1, Skalierungsmechanismen eingeplant werden und so ein Skalierungskonzept für das gesamte Montagesystem abgeleitet werden.

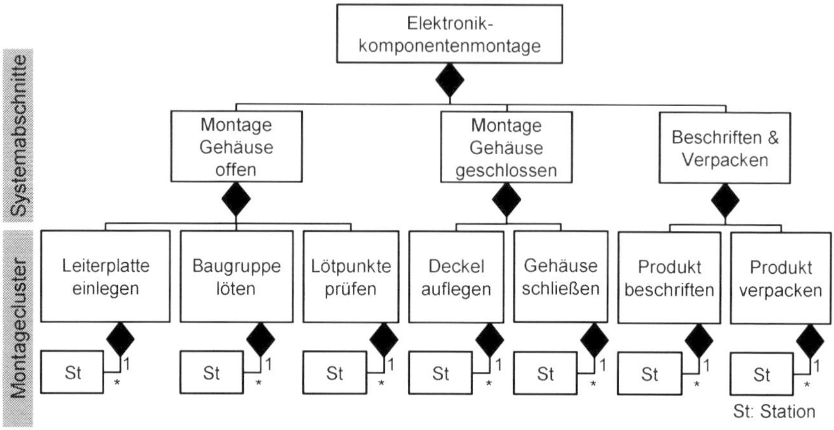

Bild 7.29: Systemstrukturierung der Elektronikkomponentenmontage

Schritt 2.2.1: Planung von Skalierungskonzepten

Basierend auf den Stückzahlszenarien werden Skalierungsstufen bzw. die benötigten Taktzeiten für die Skalierungsstufen bestimmt. Anhand einer Grobaustaktung werden zunächst Skalierungsstufen bzw. Taktzeitzeiten für mögliche Montagesysteme abgeleitet. Hierfür sind technische Prinzipien der eingesetzten Montagetechnologien und damit einhergehende Zykluszeiten, die teilweise auf Schätzungen beruhen, zu berücksichtigen. In diesem Anwendungsbeispiel wird detailliert auf die Vorgehensweise zur Entwicklung der Skalierungskonzepte und der Grobaustaktung mehrerer Skalierungsstufen eingegangen. Bei komplexeren Montageprozessketten ist die Vorgehensweise prinzipiell die gleiche, erfordert allerdings den Überblick über umfangreichere Produkt- und Prozessdaten.

Die prinzipielle Vorgehensweise bei der Grobaustaktung der Systemalternativen ist in Bild 7.30 dargestellt. Der Grobaustaktung der Skalierungsstufen wird eine generalisierte Prozesskettenbeschreibung zugrunde gelegt, die unabhängig von der Skalierungsstufe und der Automatisierungslösung gültig ist. Die Prozesszeiten werden in manuelle (M) und automatische (A) Prozessinhalte unterteilt. Die manuellen Prozessumfänge werden separat erfasst, damit der Arbeitsumfang bzw. die Auslastung der eingesetzten Mitarbeiter abgesichert werden kann. Die eingesetzten Transportsysteme (TP) und die dafür notwendigen Werkstückträger (WT) werden ebenfalls für jede Skalierungsstufe erfasst. Der Wahl des Transportsystems liegt vorrangig die zu realisierende Taktzeit bzw. Transportsystemgeschwindigkeit zugrunde. Zusätzlich wird hierbei berücksichtigt, welche Transportsystemtechnik (Rollenbahn, automatisiertes Doppelgurtband, hochtaktendes Längstransfersystem) für die jeweiligen Prozessanforderungen am besten geeignet ist. Ein übergeordnetes Ziel in diesem Anwendungsbeispiel ist es, wie in der Montagestrategie dargestellt, Transportsysteme mit unterschiedlichen Eigenschaftsprofilen, bspw. der Transportsystemgeschwindigkeit, der Positioniergenauigkeit oder des Automatisierungsgrades, miteinander zu kombinieren (vgl. Kapitel 2.3.1, Bild 2.16).

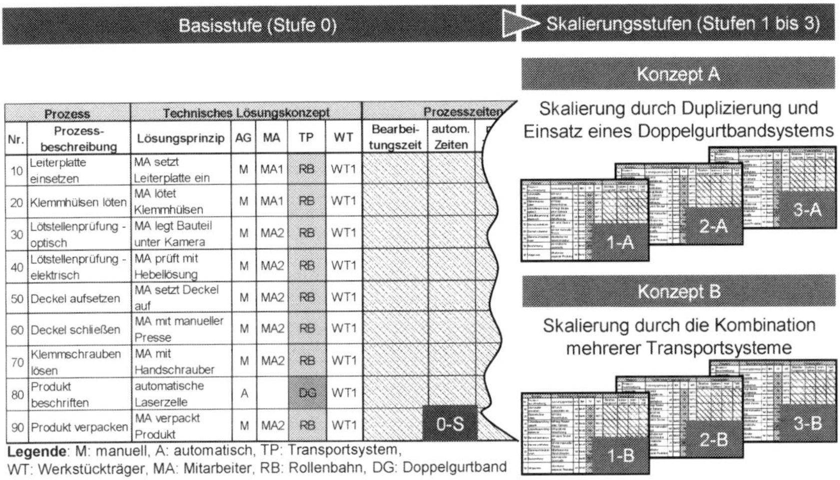

Prozess		Technisches Lösungskonzept					Prozesszeiten	
Nr.	Prozess-beschreibung	Lösungsprinzip	AG	MA	TP	WT	Bearbei-tungszeit	autom. Zeiten
10	Leiterplatte einsetzen	MA setzt Leiterplatte ein	M	MA1	RB	WT1		
20	Klemmhülsen löten	MA lötet Klemmhülsen	M	MA1	RB	WT1		
30	Lötstellenprüfung - optisch	MA legt Bauteil unter Kamera	M	MA2	RB	WT1		
40	Lötstellenprüfung - elektrisch	MA prüft mit Hebellösung	M	MA2	RB	WT1		
50	Deckel aufsetzen	MA setzt Deckel auf	M	MA2	RB	WT1		
60	Deckel schließen	MA mit manueller Presse	M	MA2	RB	WT1		
70	Klemmschrauben lösen	MA mit Handschrauber	M	MA2	RB	WT1		
80	Produkt beschriften	automatische Laserzelle	A		DG	WT1		
90	Produkt verpacken	MA verpackt Produkt	M	MA2	RB	WT1		

Legende: M: manuell, A: automatisch, TP: Transportsystem, WT: Werkstückträger, MA: Mitarbeiter, RB: Rollenbahn, DG: Doppelgurtband

Bild 7.30: Grobaustaktung der Skalierungskonzepte

Die beiden entwickelten Skalierungskonzepte und -pfade sind in Bild 7.31 dargestellt. Diese unterscheiden sich durch die eingesetzte Transportsystemtechnik und Skalierungsmechanismen. Es werden zwei der im Verbundprojekt RePlaMo entwickelten Skalierungspfade mit insgesamt sieben Montagesystemalternativen für die einzelnen Ausbaustufen vorgestellt. Es konnten vier Skalierungsstufen mit den Taktzeiten von 30 s, 16 s, 11 s und 5 s abgeleitet werden.

Ausgangspunkt für beide Skalierungspfade stellt eine Basisstufe mit einer Taktzeit von 30 s dar, bei der bis auf den Beschriftungsvorgang auf eine Automatisierung verzichtet wird. Der Werkstückträgertransport wird mithilfe einer Rollenbahn gelöst, auf der die Werkstückträger manuell weiter geschoben werden. In der Basisstufe wird das Montagesystem mit zwei Mitarbeitern betrieben. In den Ausbaustufen wird lediglich ein Mitarbeiter eingesetzt. Ausgehend von dieser Basisstufe können die Skalierungspfade A oder B eingeschlagen werden.

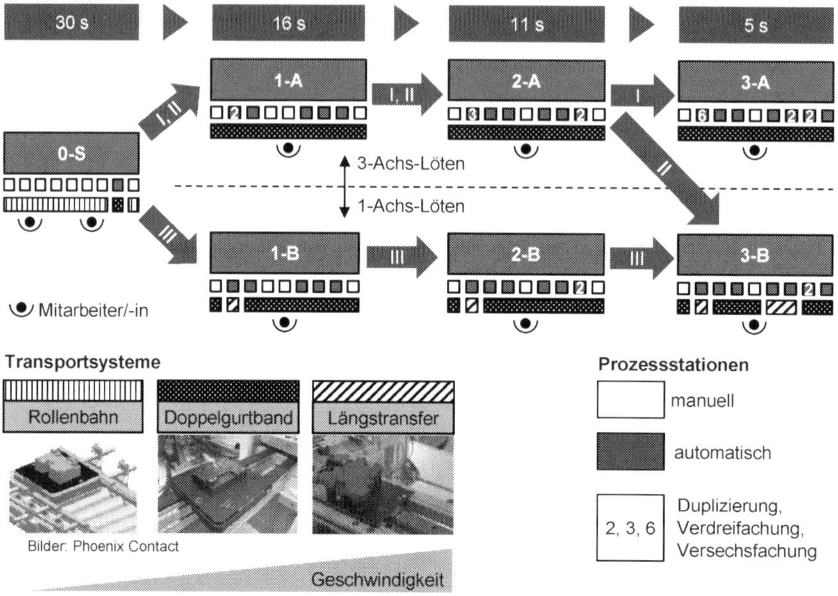

Bild 7.31: Übersicht der Skalierungskonzepte [GROS13, S. 230]

In Skalierungskonzept A wird durchgängig ein Doppelgurtbandsystem eingesetzt. Der Werkstückträgertransport wird bereits in Skalierungsstufe 1-A vollständig mithilfe eines Doppelgurtbandsystems automatisiert. Die Skalierung erfolgt ausschließlich durch „partielles Automatisieren" der Montagezellen oder durch „Duplizieren von Engpässen". Im Skalierungspfad A werden in der dritten Ausbaustufe sechs parallele Lötzellen eingesetzt.

In Skalierungskonzept B wird ein Doppelgurtbandsystem mit einem hochtaktenden Längstransfersystem kombiniert. Die Skalierung erfolgt durch „partielles Automatisieren" und „serielles Einbringen zusätzlicher Stationen". Anstatt die relativ langsamen Lötzellen wie in Konzept A zu duplizieren wird der Lötprozess auf mehrere Stationen verteilt, die mit einer hochtaktenden Längstransferachse verbunden werden.

In der dritten Ausbaustufe wird das hochtaktende Längstransfersystem beim Lötprozess und beim Schraubprozess eingesetzt. In diesen Montageclustern wird durch die hohe Werkstückträgerwechselgeschwindigkeit des spindelgetriebenen Transportsystems eine drastische Reduzierung der Nebenzeiten erzielt und somit eine Reduzierung der Taktzeit.

Die Skalierungskonzepte A sind so konzipiert, dass in der zweiten Skalierungsstufe ein Ausbau zur Systemalternative 3-A oder 3-B erfolgen kann. Aus den zwei Skalierungskonzepten ergeben sich daher insgesamt drei Skalierungspfade. Bei einer positiven Stückzahlprognose kann von der Systemalternative 2-A ein Ausbau zu Systemalternative 3-B vorgenommen werden. Bei einer positiven Stückzahlprognose ist die

Systemalternative 3-B insofern vorteilhaft, da eine weitere Automatisierung dieses Montagesystems vorstellbar und auch bereits vorgedacht ist.

7.3.4 Phase 3: Systemplanung der Wandlungskonzepte

In diesem Kapitel wird das Skalierungskonzept B im Detail vorgestellt. Der hiermit realisierbare Skalierungspfad III zeigt die technische Machbarkeit einer Kombination unterschiedlicher Transportsysteme auf. Abschließend werden die hieraus resultierenden technischen Anforderungen an das Werkstückträgersystem diskutiert. Systemalternativen zu dem Skalierungskonzept A werden nicht im Detail dargestellt, sind aber im Anhang in Bild 10.6 und Bild 10.7 dargestellt.

Schritt 3.1: Iterative Validierung der Wandlungskonzepte

Das Montagesystem ist bereits in der Basisstufe in einer U-Anordnung aufgestellt (Bild 7.32, links). Dadurch können kurze Laufwege für zwei Mitarbeiter realisiert werden. Der erste Mitarbeiter arbeitet weitestgehend stationsgebunden am ersten Arbeitsplatz. Die Abarbeitung der übrigen Stationen durch Mitarbeiter 2 erfolgt nach einem sogenannten One-Piece-Flow-Prinzip. Bis auf die automatisierte Beschriftungszelle wird durchgängig eine Rollenbahn eingesetzt, auf der die Werkstückträger von den Mitarbeitern weitergeschoben werden. Die Werkstückträgerrückführung ist mithilfe eines verfahrbaren Werkstückträgerwagens gelöst. Die leeren Werkstückträger werden von Mitarbeiter 2 auf diesen Wagen geschoben und zum Anfang des Montagesystems gefahren. Mithilfe des Werkstückträgerwagens können auch aufwandsarm Werkstückträger für andere Produktvarianten ins System eingebracht werden.

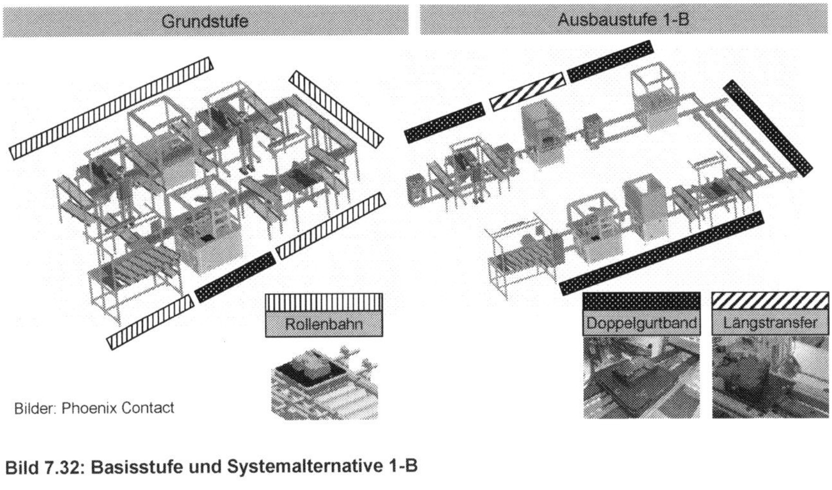

Bild 7.32: Basisstufe und Systemalternative 1-B

Bei der Systemalternative 1-B wird der Werkstückträgertransfer durchgängig automatisiert (Bild 7.32, rechts). Für den in dieser Stufe automatisierten Lötprozess wird das hochtaktende spindelgetriebene Längstransfersystem eingesetzt. Der restliche Werkstückträgertransport wird mithilfe eines Doppelgurtbandes automatisiert.

Während in der Systemalternative 1-B nur der Löt- und der Schraubprozess durch automatisierte Stationen gelöst sind, sind in der Systemalternative 2-B bis auf den Einsetzvorgang von Gehäuse und Deckel alle Vorgänge automatisiert (Bild 7.33, links). In der Systemalternative 3-B wird eine weitere Reduzierung der effektiven Taktzeit erreicht, indem für den Verpressvorgang des Deckels und den Schraubprozess das hochtaktende spindelgetriebene Längstransfersystem eingesetzt wird (Bild 7.33, rechts).

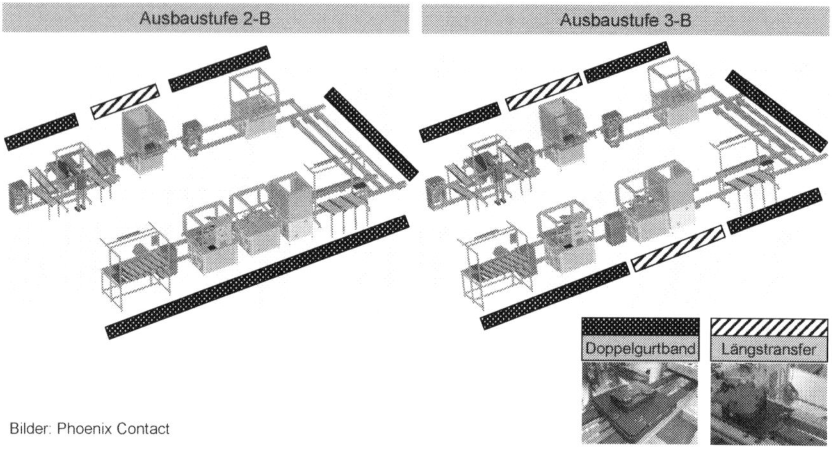

Bild 7.33: Systemalternative 2-B und 3-B

Entwicklung eines kompatiblen Werkstückträgersystems

Aus den dargestellten skalierbaren Systemalternativen resultieren neue Herausforderungen an ein Werkstückträgersystem, die mit einem herkömmlichen Werkstückträger nicht erfüllt werden können. Die Anforderungen an das neue Werkstückträgersystem resultieren daraus, dass in den entwickelten Ausbaustufen mehrere Transportsysteme miteinander kombiniert werden bzw. abschnittsweise unterschiedliche Transportsysteme eingesetzt werden (vgl. Kapitel 2.3.1, Bild 2.15).

Zum einen erfordert die **Verknüpfung mehrerer Transportsysteme in den Systemalternativen** 1-B, 2-B und 3-B ein Werkstückträgerkonzept, das kompatibel mit einem Doppelgurtbandsystem und dem spindelgetriebenen hochtaktenden Längstransfersystem ist. Die zweite Anforderung entsteht daraus, dass die **Transportsysteme in den verschiedenen Skalierungsstufen variieren** (Basisstufe: Rollenbahn, Skalierungsstufe 1, 2 und 3: Doppelgurtband und hochtaktendes spindelgetriebenes Längstransfersystem). Um die Werkstückträger im Falle einer Skalierung weiterverwenden zu können, sollte das Werkstückträgerkonzept entweder für verschiedene

Transportsysteme rekonfiguriert werden können oder mit universellen Schnittstellen ausgestattet sein.

Hieraus resultieren verschiedene Anforderungen an die Gestaltung der Werkstückträgerunterseite als Schnittstelle zwischen dem Werkstückträger und dem Transportsystem. Elementare Funktionselemente, die ein Werkstückträger für den Transport an der Werkstückträgerunterseite aufweisen muss, sind:

- Funktionselemente zum Stoppen und zur Vereinzelung (Nuten, Anschläge ...)
- Funktionselemente zum Indexieren (Indexierbohrung, Nuten ...)
- Funktionselemente zum Bewegen und Mitnehmen (Auflagefläche, Eingriff ...)

Weitere wichtige Funktionselemente der Werkstückträgerunterseite sind Führungselemente zur Kurvenfahrt, Angriffspunkte für Handhabungsvorgänge, bspw. mithilfe eines Industrieroboters, und Funktionselemente zur Identifikation. Eine Übersicht der Funktionalitäten und Anforderungen, die an einen Werkstückträger gestellt werden, ist im Anhang dargestellt (Bild 10.8).

Es wurden zwei Werkstückträgerkonzepte entwickelt, die den beiden Anforderungsprofilen genügen (Bild 7.34). Der Universal-WT weist eine universelle Unterseite auf, die kompatibel mit allen eingesetzten Transportsystemen ist. Zur Verifizierung des entwickelten Universalwerktückträgers wurde hierfür ein Prototyp im Rapid Prototyping-Verfahren von der Fa. Phoenix Contact angefertigt.

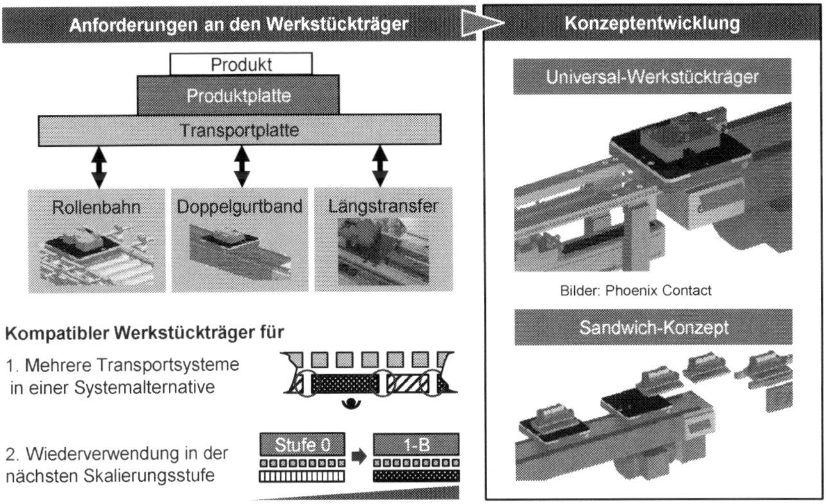

Bild 7.34: Kompatible Werkstückträgerkonzepte

Das Sandwich-Konzept ist ein modulares Werkstückträgerkonzept, das aus mehreren trennbaren Werkstückträgerplatten besteht. Die Schnittstellen zur Rollenbahn und zum Doppelgurtband sind in einem unteren Transportplattenmodul eingebracht.

Auf diesem ist eine Adapterplatte angebracht, auf der mit einer lösbaren Verbindung ein oberes Werkstückträgermodul aufgesetzt ist. Beim Übergang auf das hochtaktende Transportsystem wird das obere Werkstückträgermodul getrennt und übergesetzt.

Schritt 3.2: Bewertung der Wandlungskonzepte und der Ausbaustufen

Nachdem für alle Systemalternativen validierte Layouts und Technikprinzipien für die Montagestationen entwickelt worden sind, konnte eine wirtschaftliche Bewertung der Skalierungskonzepte vorgenommen werden. Die Abschätzung des Umbauaufwandes wurde von der Fa. Phoenix Contact durchgeführt. Für die Zellen, Stationen, Transportsysteme und Werkstückträger der einzelnen Montagecluster wurden folgende Kosten ermittelt:

- Komponenten und Material für das Montagesystem
- Projektierung und Engineering
- Installation und Inbetriebnahme

Bei der Installation und Inbetriebnahme wird unterschieden zwischen einer Erstkonfiguration bzw. einem Direktausbau und dem Umbauaufwand, der bei einer Rekonfiguration entsteht. Die Investitionskosten der Skalierungskonzepte werden in Tabelle 7.1 denen des starren Systems gegenübergestellt. Anhand der Übersicht der Investitionskosten wird ersichtlich, dass mit den entwickelten Montagesystemlösungen, wie in der Montagestrategie angestrebt, ein stufenweiser Invest realisiert werden konnte (Tabelle 7.1).

Tabelle 7.1: Ausbringung und Investition für die Skalierungsstufen

Montagesystem	Grundstufe	Stufe 1	Stufe 2	Stufe 3
Ausbringung in den Skalierungsstufen bezogen auf starres System (%)				
Stückzahl	17	31	45	100
Investitionskosten bezogen auf starres System (%)				
Starres System: Basisstufe + Vollausbau	23			100
Skalierungskonzepte A und B: Basisstufe + 3 Skalierungsstufen	23	48	72	110

Da eine wirtschaftliche Bewertung ausschließlich auf Basis der Investitionskosten keine hinreichende wirtschaftliche Bewertung darstellt, wurde wie im Anwendungsbeispiel in Kapitel 7.2 eine wirtschaftliche Vergleichsrechnung von der Fa. Platos durchgeführt. Für das Eintreten der in Bild 7.28 zugrunde gelegten Stückzahlprognosen erzielten die skalierbaren Systemlösungen hinsichtlich des Total Cost of Ownership Vorteile gegenüber einem starren Direktausbau. Zusätzlich wird durch die Planung und Entwicklung von Skalierungsstufen das Investitionsrisiko in einem direkten Vollausbau gesenkt.

7.3.5 Kritische Reflexion und Fazit

Mithilfe der in dieser Arbeit entwickelten Methodik konnten in diesem Anwendungsfall stufenweise skalierbare Montagesystemalternativen entwickelt werden. Die Machbarkeit der Skalierungskonzepte wurde anhand einer Grobplanung von Skalierungskonzepten bis hin zur Systemplanung aufgezeigt. Für die in der Elektronikkomponentenmontage vorliegenden Wandlungshemmnisse wurden Lösungen aufgezeigt, indem Transportsysteme mit unterschiedlichen Eigenschaftsprofilen miteinander kombiniert wurden. Kompatibilitätsprobleme hinsichtlich der eingesetzten Werkstückträger konnten durch die Entwicklung von zwei neuen Werkstückträgerkonzepten gelöst werden.

Zur Erprobung der neuen Transportsystemkombinationen und Werkstückträgerkonzepte sowie Sicherstellung einer ausreichenden Prozesssicherheit sind weitere Praxistests anhand von Prototypenaufbauten notwendig. Darüber hinaus gilt es, praktische Erfahrungen mit den skalierbaren Montagesystemen im Produktionsbetrieb zu sammeln. Hierbei werden vor allem die Erfahrungen beim Umbau sowie der Wiederinbetriebnahme im Skalierungsfall benötigt, die in den Planungs- und Entwicklungsprozess rückgekoppelt werden können. Diese Erfahrungswerte können zur Weiterentwicklung und Optimierung der identifizierten Ansätze sowie zur Neuentwicklung weiterer derartiger Konzepte genutzt werden.

8 Zusammenfassung und Ausblick

In dieser Arbeit wurden die Möglichkeiten zur Entwicklung wandlungsfähiger Montagesysteme erweitert, indem Zusammenhänge zwischen potenziellen Wandlungstreibern und den zu gestaltenden Systemelementen untersucht wurden. Hierfür wurde ein Referenzmodell entwickelt, das die relevanten Sachverhalte skalierbarer und rekonfigurierbarer Lösungen abbildet und anhand dessen aufgezeigt wird, wie entsprechende Skalierungen und Rekonfigurationen umgesetzt werden können. Des Weiteren wurde aufgezeigt, wie bei der Planung von Montagesystemen vorzugehen ist, damit diese eine gesteigerte Anpassungsfähigkeit an mögliche Wandlungstreiber aufweisen.

In Kapitel 2 wurden die Grundlagen des Betrachtungs- und Gestaltungsraums der Arbeit erläutert. Um möglichst allgemeingültige und branchenübergreifende Erkenntnisse ableiten zu können, wurden Montagesysteme von der Elektronikkomponenten- bis hin zur Fahrzeugmodulmontage in den Betrachtungsraum aufgenommen. Aufbauend auf den Grundlagen der Montagesystemtechnik wurden die dort eingesetzten Montagesysteme dargestellt. Eine Herausforderung für die derzeitige Planung stellt die Berücksichtigung von Wandlungstreibern dar, welche eine spätere Anpassung des Montagesystems erforderlich machen. Als direkte Wandlungstreiber wurden Pro dukt-, Stückzahl- und Montagetechnologieveränderungen identifiziert. Eine Antwort auf diese Herausforderung sind wandlungsfähige Montagesysteme, deren Systemzustand mittels Rekonfiguration und Skalierung angepasst werden kann.

Abschließend wurde im Grundlagenkapitel dargestellt, welche Wandlungshemmnisse derzeit die angestrebte Wandlungsfähigkeit in der Praxis verhindern und somit den praktischen Handlungsbedarf darstellen.

In Kapitel 3 wurden bestehende Ansätze und Methoden aus dem Stand der Technik untersucht, die für die Zielstellung dieser Arbeit relevant sind. Ausgehend von den Grundlagen der Modularisierung wurden Ansätze der Objektorientierung dargestellt, die in der Softwaretechnik bei der Umsetzung modularer und rekonfigurierbarer Systemarchitekturen unterstützen und daher in dieser Arbeit auf die Montagesystementwicklung übertragen wurden. Abschließend wurde eine Auswahl etablierter und für diese Arbeit besonders relevanter Methoden zur Entwicklung von Montagesystemen analysiert. Aus der Erkenntnis, dass die betrachteten Methoden eine Umsetzung wandlungsfähiger Montagesysteme nur unzureichend ermöglichen, resultierte der theoretische Handlungsbedarf.

In Kapitel 4 wurden basierend auf den bis dahin gewonnen Erkenntnissen die Anforderungen an die Methodik präzisiert sowie das Konzept und die Vorgehensweise bei der Entwicklung der Methodik erläutert.

In Kapitel 5 wurde ein Referenzmodell eingeführt, mit dem die Sachverhalte abgebildet werden können, die für den Betrachtungsraum und die zuvor definierten Anforderungen relevant sind. Das Modell gibt eine Referenzarchitektur sowohl für die prozess- als auch für die strukturseitige Beschreibung eines Montagesystems vor. Die

Kernidee des Referenzmodells beruht auf der Zerlegung des Gesamtsystems in abgegrenzte Systemelemente, welche die Anpassung an potenzielle Wandlungstreiber erleichtert. Eine zentrale Erkenntnis aus der Untersuchung der Praxis ist, dass zur Realisierung von Wandlungsprozessen die derzeit oftmals vorliegende scharfe Trennung zwischen der Montageplanung und dem Systementwurf, d.h. der konstruktiven Umsetzung, aufgehoben werden muss. Deshalb wurden das Prozess- und das Strukturmodell so konzipiert, dass in mehreren Hierarchieebenen eine ganzheitliche Betrachtung von einem kompletten Montagesystem, über Systemabschnitte und Montagecluster bis hin zu Stationen und einzelnen Prozessmodulen, unterstützt wird. Das Prozessmodell umfasst die Prozesseigenschaften sowie potenzielle Wandlungstreiber und beschreibt somit den wandlungsfähigen Lösungsraum. Das zweite Partialmodell, das Strukturmodell, wurde so konzipiert, dass die Wandlungsfähigkeit der Systemelemente in den jeweiligen Hierarchieebenen des Montagesystems abgebildet werden kann. Zur Beschreibung von Wandlungsfähigkeit wurden die Eigenschaften Skalierbarkeit und Rekonfigurierbarkeit eingeführt. Diese Eigenschaften beschreiben, inwiefern ein Systemelement an potenzielle Wandlungstreiber angepasst werden kann, d.h. skaliert oder rekonfiguriert werden kann. Die zur Umsetzung dieser Wandlungsfähigkeit notwendigen Skalierungsstrategien und -mechanismen sowie Rekonfigurationsmechanismen wurden darauffolgend hinsichtlich ihrer praktischen Umsetzung dargestellt.

In Kapitel 6 wurde eine Methode dargestellt, in der die im Referenzmodell herausgearbeitete Strukturierung des Montagesystems und die aufgezeigten Möglichkeiten zur Umsetzung von Skalierbarkeit und Rekonfigurierbarkeit genutzt werden. Zunächst wurde aus den im Stand der Technik analysierten Methoden ein Ordnungsrahmen definiert, der ein Grundgerüst zur Einordnung der entwickelten Methodenschritte vorgibt. Darauf aufbauend wurde eine Methode vorgestellt, deren wesentlicher Stellhebel in der Grobplanungsphase ansetzt. Es wurde aufgezeigt, wie Skalierungs- und Rekonfigurationskonzepte frühzeitig zu planen sind, um die gewünschte Wandlungsfähigkeit in den betroffenen Systemelementen vorzudenken.

In Kapitel 7 wurde die Anwendbarkeit der Methodik anhand eines breiten Spektrums von Praxisbeispielen verifiziert. Die zwei Anwendungsbeispiele aus der Fahrzeugmodulmontage, eine rekonfigurierbare Hinterachseinstellstation und eine skalierbare Wellenvormontage für Pkw-Getriebe, sowie das Anwendungsbeispiel aus der Elektronikkomponentenmontage zeigen auf, dass die entwickelte Methodik in allen Entwicklungsphasen eine systematische Unterstützung bietet. Es wurden rekonfigurierbare und skalierbare Lösungen erzielt, deren Umsetzbarkeit auch unter wirtschaftlichen Zielkriterien nachgewiesen werden konnte.

Für eine zukünftige Verbreitung wandlungsfähiger Montagesystemlösungen in der industriellen Praxis sind weitere Optimierungen des Entwicklungsprozesses notwendig. Die Signifikanz der Berücksichtigung möglicher Wandlungstreiber durch die Anwendung von Modellen und neuen Methodenschritten wurde in dieser Arbeit aufgezeigt. Gerade eine Berücksichtigung der relevanten Zusammenhänge und Gestaltungsmöglichen in der frühen Entwicklungsphase hat sich als zielführend herausgestellt.

Eine wesentliche Voraussetzung, damit die mit dieser Arbeit angestrebten wandlungsfähigen Lösungen in der industriellen Praxis umgesetzt werden können, ist eine intensivere Zusammenarbeit zwischen Montagesystemherstellern und -anwendern. Hierfür ist der Montageentwicklungsprozess so weiterzuentwickeln, dass ein frühzeitiger und regelmäßiger Informationsaustausch zwischen den Montagesystemanwendern und -herstellern gewährleistet ist. Zum einen muss der Montagesystementwickler früher in die Montageplanung involviert werden. Zum anderen ist in der Systemplanungs- und konstruktiven Systementwurfsphase ein intensiverer Austausch von Arbeitsständen zwischen dem Montagesystementwickler, der Montageplanung sowie der Betreiberseite notwendig.

Darüber hinaus sollten sich zukünftige Forschungsarbeiten auf der Grundlage dieser Arbeit weiter mit den Zusammenhängen zwischen potenziellen Wandlungstreibern und dem Montagesystem befassen. Gerade die Verbreitung digitaler Planungs- und Entwicklungsumgebungen ist in diesem Kontext in der Praxis noch nicht ausreichend. Hierfür sind Methoden und rechnergestützte Werkzeuge weiter zu entwickeln, die eine aufwandsarme Entwicklung von Wandlungsprozessen ermöglichen. Um weitere Bestrebungen in diese Richtung zu forcieren, sind auch Methoden zu entwickeln, die eine wirtschaftliche Bewertung für zukunftsorientierte Investitionen in wandlungsfähige Lösungen erleichtern.

9 Literaturverzeichnis

[ANGE04] Angerer, T.: Effizienzsteigerung in der automatisierten Montage durch aktive Nutzung mechatronischer Produktkomponenten. Dissertation, TU München, München, 2004

[BALD00] Baldwin, C. Y.; Clark, K. B.: Design rules. The power of modularity, Cambridge, MIT Press, 2000

[BALD04] Baldwin, C. Y.; Clark, K. B.: Modularity in the Design of Complex Engineering Systems, 2012. URL: http://www.people.hbs.edu/cbaldwin/DR2/BaldwinClarkCES.pdf [Stand: 27.12.2012]

[BAUM04] Baumgart, I. M.: Modularisierung von Produkten im Anlagenbau. Dissertation, RWTH Aachen, Aachen, 2004

[BERG05] Bergholz, M.: Objektorientierte Fabrikplanung. Dissertation, RWTH Aachen, Aachen, 2005

[BOOS08] Boos, W.: Methodik zur Gestaltung und Bewertung von modularen Werkzeugen. Dissertation, RWTH Aachen, Aachen, 2008

[BREC08] Brecher, C. et al.: Einleitung und Stand der Technik. In: Brecher, C.; Müller, R.; Schuh, G. (Hrsg.): Rent-A-Robot. Abschlussbericht "Rent-A-Robot". Aachen, Apprimus-Verlag, 2008, S. 1-28

[BREC11] Brecher, C.; Breitbach, T.; Herfs, W.; Pohlmann, G.: Wandlungfähige Produktionssysteme für die Kleinserienproduktion. In: ZWF - Zweitschrift für wirtschaftlichen Fabrikbetrieb. Jg. 106, 2011, Nr. 3, S. 133-137

[BRED08] Bredow, M.: Wandlungsfähigkeit in der grundlagenorientierten Fachliteratur. In: Nyhuis, P.; Reinhart, G.; Abele, E. (Hrsg.): Wandlungsfähige Produktionssysteme. Heute die Industrie von morgen gestalten. Hannover, PZH Produktionstechn. Zentrum, 2008, S. 34-41

[BULL86] Bullinger, H.-J.; Ammer, D.: Systematische Montageplanung. Handbuch für die Praxis, München, Hanser, 1986

[DIN03] Norm DIN 8593-0 (2003): Fertigungsverfahren Fügen, Teil 0: Allgemeines, Einordnung, Unterteilung, Begriffe

[DRUN11] Drunk, G.: Top 50 Montageanlagenbau-Rangliste Deutschland. "Hidden Champions" stärken die Standort-Wettbewerbsfähigkeit. URL: http://www.xpertgate.de/magazin/report/Top-50-Montageanlagenbau-Rangliste-Deutschland-Automation-online-2011.pdf [Stand: 27.12.2012]

[DUDE12] Duden. URL: http://www.duden.de/rechtschreibung/Methode [Stand: 02.12.12]

[EIGN09] Eigner, M.; Stelzer, R.: Product Lifecycle Management. Ein Leitfaden für Product Development und Life Cycle Management, Heidelberg, Springer-Verlag, 2009

[ELMA09] ElMaraghy, H.; Wiendahl, H.-P.: Changeability – An Introduction. In: ElMaraghy, H. A. (Hrsg.): Changeable and Reconfigurable Manufacturing Systems. London, Springer, 2009, S. 3-24

[ENDE03] Enderlein, H.; Hildebrand, T.; Müller, E.: PLUG+PRODUCE. Die Fabrik mit Zukunft aus dem Baukasten. In: wt Werkstatttechnik online. Jg. 93, 2003, Nr. 4, S. 282-286

[ERIX98] Erixon, G.: Modular Function Deployment. A Method for product modularisation. Dissertation, Stockholm, The Royal Institute of Technology, 1998

[EVER89] Eversheim, W.: Organisation in der Produktionstechnik Band 4. Fertigung und Montage, Düsseldorf, VDI Verlag, 1989

[FIXS03] Fixson, S. K.: The Multiple Faces of Modularity. A Literature Analysis of a Product Concept for Assembled Hardware Products. Technical-Report 03-05, Ann Arbor, 2003. URL: http://ioe.engin.umich.edu/techrprt/pdf/TR03-05.pdf [Stand: 27.12.2012]

[FORB07] Forbrig, P.: Objektorientierte Softwareentwicklung mit UML, München, Hanser, 2007

[FRAG09] Frager, O.; Nehr, W.: Modularität und Wiederverwendung im Engineering des Maschinen- und Anlagenbaus. Anforderungen an Programmierverfahren für Steuerungssysteme, UML und Tools. In: atp Automatisierungstechnische Praxis. 2009, Nr. 6, S. 64-71

[FREI10] Frei, R. M.: Self-Organisation in Evolvable Assembly Systems. Dissertation, Universidade Nova de Lisboa, Lisabon, 2010

[FRIT10] Fritz, A. H.; Schulze, G.: Fertigungstechnik, Berlinhege, Springer, 2010

[GIES08] Gies, S.: Achsen im Fahrwerk. In: Heißing, B.; Ersoy, M. (Hrsg.): Fahrwerkhandbuch. Grundlagen, Fahrdynamik, Komponenten, Systeme, Mechatronik, Perspektiven. Wiesbaden, Vieweg + Teubner, 2008, S. 383-414

[GOEP98] Göpfert, J.: Modulare Produktentwicklung. Zur gemeinsamen Gestaltung von Technik und Organisation, Wiesbaden, Deutscher Universitätsverlag, 1998

[GROS13] Großmann, C.; Özdemir, D.; Eilers, J.; Müller, R.; Possel-Dölken, F; Schreiber, A.: Lösungen für die Smart Factory bei Phoenix Contact. In: Spath, D.; Müller, R.; Reinhart, G. (Hrsg.): Zukunftsfähige Montagesysteme. Stuttgart, Fraunhofer Verlag, 2013, S. 221-236

[HART11] Hartmann, M.; Schneider, D.: Aggregatemontage des Fahrzeug-Antriebstrangs. Anforderungen und Lösungen bei der Globalisierung der Produktion. In: Zukunft Automobilmontage 2011 - 7. ATZproduktion-Fachtagung

[HECK10] Heckmann, R.: Produktionsanlagen für volatile Märkte. In: ATZproduktion. Jg. 3, 2010, Nr. 03-04, S. 38-42

[HEGE07] Heger, C. L.: Bewertung der Wandlungsfähigkeit von Fabrikobjekten. Dissertation, Universität Hannover, Hannover, 2007

[HEIN08] Heinen, T.; Rimpau, C.; Wörn, A.: Wandlungsfähigkeit als Ziel der Produktionssystemgestaltung. In: Nyhuis, P.; Reinhart, G.; Abele, E. (Hrsg.): Wandlungsfähige Produktionssysteme. Heute die Industrie von morgen gestalten. Hannover, PZH Produktionstechn. Zentrum, 2008, S. 19-32

[HEIN11] Heinen, T.: Planung der soziotechnischen Wandlungsfähigkeit in Fabriken. Dissertation, Universität Hannover, Hannover, 2011

[HERN02] Hernández Morales, R.: Systematik der Wandlungsfähigkeit in der Fabrikplanung. Dissertation, Universität Hannover, Hannover, 2002

[HESS06] Hesse, S.: Automatische Montagemaschinen. In: Lotter, B.; Wiendahl, H.-P. (Hrsg.): Montage in der industriellen Produktion. Optimierte Abläufe, rationelle Automatisierung. Berlin, Springer, 2006, S. 219-308

[HESS94] Hesse, S.: Montage-Atlas. Montage- und automatisierungsgerecht konstruieren, Darmstadt, Hoppenstedt-Technik-Tab.-Verl., 1994

[JONA00] Jonas, C.: Konzept einer durchgängigen, rechnergestützten Planung von Montageanlagen. Dissertation, TU München, München, 2000

[KAMP11] Kampker, A.; Schuh, G.; Swist, M.; Ivanescu, S.: Künftige Montagestrukturen für Elektrofahrzeuge. In: ATZproduktion. Jg. 4, 2011, Nr. 01, S. 54-59

[KARL12] Karl, F.; Reinhart, G.; Zäh, M. F.: Rekonfigurationsfähigkeit von Betriebsmitteln. Kennzahlen zur Bewertung der Rekonfigurationsfähigkeit von Montagebetriebsmitteln. In: wt Werkstatttechnik online. Jg. 102, 2012, Nr. 4, S. 228-233

[KIRC03] Kirchner, S.; Winkler, R.; Westkämper, E.: Unternehmensstudie zur Wandlungsfähigkeit von Unternehmen. Ergebnisse einer Unternehmensbefragung unter 200 deutschen produzierenden Unternehmen. In: wt Werkstatttechnik online. Jg. 93, 2003, Nr. 4, S. 254-260

[KLUG09] Kluge, S.; Pflüger, T.; Westkämper, E.; Pedell, B.: Modulare Montagesysteme. Potential zur Steigerung der Wirtschaftlichkeit. In: wt Werkstatttechnik online. Jg. 99, 2009, Nr. 9, S. 592-597

[KLUG11] Kluge, S.: Methodik zur fähigkeitsbasierten Planung modularer Montagesystgeme. Dissertation, Universität Stuttgart, Stuttgart, 2011

[KLUS05] Klußmann, J. H.; Nofen, D.; Löllmann, F.: Wandlungshemmer und Detaillösungen zur Steigerung der Wandlungsfähigkeit. In: Wiendahl, H.-P. (Hrsg.): Planung modularer Fabriken. Vorgehen und Beispiele aus der Praxis. München, Wien, Hanser, 2005, S. 297-316

[KOCH11] Koch, S.: Methodik zur Steigerung der Wandlungsfähigkeit von Fabriken im Maschinen- und Anlagenbau. Dissertation, RWTH Aachen, Aachen, 2011

[KOEP07] Koeppen, B.: Modularisierung komplexer Produkte anhand technischer und betriebswirtschaftlicher Komponentenkopplungen. Dissertation, RWTH Aachen, Aachen, 2007

[KONO03] Konold, P.; Reger, H.: Praxis der Montagetechnik. Produktdesign, Planung, Systemgestaltung, Wiesbaden, Vieweg, 2003

[KOPP04] Koppenhagen, F.: Systematische Ableitung modularer Produktarchitekturen. Komplexitätsreduzierung in der Konzeptphase. Dissertation, RWTH Aachen, Aachen, 2004

[KORE99] Koren, Y.; Heisel, U.; Jovane, F.; Moriwaki, T.; Pritschow, G.; Ulsoy, G.; van Brussel; H.: Reconfigurable Manufacturing Systems. In: CIRP Annals. Jg. 48, 1999, Nr. 2, S. 527-540

[LAHR06] Lahres, B.; Raýman, G.: Praxisbuch Objektorientierung. Von den Grundlagen zur Umsetzung, Bonn, Galileo Press, 2006

[LANZ11] Lanza, G.; Peters, S.; Stockey, S.: Auswirkungen neuer Mobilitätsformen auf die Produktion. In: ZWF - Zeitschrift für wirtschaftlichen Fabrikbetrieb. Jg. 106, 2011, S. 357-360

[LANZ12] Lanza, G.; Moser, R.; Ruhrmann, S.: Wandlungstreiber global agierender Produktionsunternehmen. Sammlung, Klassifikation und Quantifizierung. In: wt Werkstatttechnik online. Jg. 102, 2012, Nr. 4, S. 200-205

[LAUF95] Laufenberg, L.: Methodik zur integrierten Projektgestaltung für die situative Umsetzung des Simultaneous Engineering. Dissertation, RWTH Aachen, Aachen, 1995

[LEND09] Lenders, M.: Beschleunigung der Produktentwicklung durch Lösungsraum-Management. Dissertation, RWTH Aachen, Aachen, 2009

[LOEH77] Löhr, H.-G.: Eine Planungsmethode für automatisierte Montagesysteme. Dissertation, Universität Stuttgart, Stuttgart, 1977

[LOFE02] Loferer, M.: Rechnergestützte Gestaltung von Montagesystemen. Dissertation, TU München, München, 2002

[LOTT06a] Lotter, B.; Hartel, M.: Planung und Bewertung von Montagesystemen. In: Lotter, B.; Wiendahl, H.-P. (Hrsg.): Montage in der industriellen Produktion. Optimierte Abläufe, rationelle Automatisierung. Berlin, Springer, 2006, S. 407-432

[LOTT06b] Lotter, B.: Einführung. In: Lotter, B.; Wiendahl, H.-P. (Hrsg.): Montage in der industriellen Produktion. Optimierte Abläufe, rationelle Automatisierung. Berlin, Springer, 2006, S. 1-10

[MEIS01] Meise, V.: Ordnungsrahmen zur prozessorientierten Organisationsgestaltung. Modelle für das Management komplexer Reorganisationsprozesse, Hamburg, Dr. Kovac, 2001

[MICH06] Michels, J. S.: Integrative Spezifikation von Produkt- und Produktionssystemkonzeptionen. Dissertation, Universität Paderborn, Paderborn, 2006

[MOEL08] Möller, N.: Bestimmung der Wirtschaftlichkeit wandlungsfähiger Produktionssysteme. Dissertation, TU München, München, 2008

[MOTU08] Motus, D.: Referenzmodell für die Montageplanung in der Automobilindustrie. Dissertation, 2008

[MUEJ10] Müller, J. C. K.: Integrativer Ordnungsrahmen für die Entwicklung fluidtechnisch-mechatronischer Systeme. Dissertation, RWTH Aachen, Aachen, 2010

[MUEL09] Müller, R. et al. In: Brecher, C.; Schapp, L. (Hrsg.): Studie Strategien und Trends in der Montagetechnik und -organisation. Cluster of excellence integrative production technology for high wage countries. Aachen, Apprimus Verlag, 2009, S. 1-69

[MUEL11a] Müller, R.; Eilers, J.; Esser, M.; Hasse, F.; Janßen, M.; Rochlitz, T.; Siewert, U.; Walther, J.: Wandlungsfähigkeit in der Montage. Chance für eine schwer planbare Zukunft. In: Brecher, C.; Klocke, F.; Schmitt, R.; Schuh, G. (Hrsg.): Wettbewerbsfaktor Produktionstechnik: Aachener Perspektiven. Aachener Werkzeugmaschinenkolloquium 2011. Herzogenrath, Shaker, 2011, S. 424-447

[MUEL11b] Müller, R.; Esser, M.; Eilers, J.: Rekonfigurationsorientierte Modularisierung von Montagesystemen. In: wt Werkstatttechnik online. Jg. 101, 2011, Nr. 9, S. 600-605

[MUEL11c] Müller, R.; Esser, M.; Eilers, J.: Design method for reconfigurable assembly processes and equipment. In: Spath, D.; Ilg, R.; Krause, T. (Hrsg.): International Conference on Production Research (ICPR 21), Fraunhofer Verlag, 2011

[MUEL11d] Müller, R.; Eilers, J.; Herrmann, A.; Janßen, C.: Optimierung der Prozesskette zur Hinterachseinstellung. In: ATZ produktion. Jg. 4, 2011, Nr. 3, S. 56-61

[MUEL12] Müller, R.; Esser, M.; Eilers, J.: Assembly Oriented Design Method for Reconfigurable Processes and Equipment. In: Schuh, G.; Neugebauer, R.; Uhlmann, E. (Hrsg.): Future trends in production engineering. Proceedings of the first Conference of the German Academic Society for Production Engineering (WGP), Berlin, Germany, 8th-9th June 2011. Berlin, Springer, 2012, S. 251-257

[NAUN07] Naunheimer, H.; Bertsche, B.; Lechner, G.; Ryborz, J.; Novak, W.: Fahrzeuggetriebe. Grundlagen, Auswahl, Auslegung und Konstruktion, Berlin, Springer, 2007

[NEUH01] Neuhausen, J.: Gestaltung modularer Produktionssysteme für Unternehmen der Serienproduktion. Dissertation, RWTH Aachen, Aachen, 2001

[NOFE05] Nofen, D.; Klußmann, J. H.; Löllmann, F.: Bedeutung der Wandlungsfähigkeit für die Zukunftsrobustheit von Fabriken. In: Wiendahl, H.-P.; Nofen, D.; Klußmann, J. H.; Breitenbach, F. (Hrsg.): Planung modularer Fabriken. Vorgehen und Beispiele aus der Praxis. München, Hanser, 2005, S. 8-15

[NOFE06] Nofen, D.: Regelkreisbasierte Wandlungsprozesse der modularen Fabrik. Dissertation, Universität Hannover, Hannover, 2006

[NYHU09] Nyhuis, P.; Fronia, P.; Pachow-Frauenhofer, J.; Wulf, S.: Wandlungsfähige Produktionssysteme. Ergebnisse der BMBF-Vorstudie „Wandlungsfähige Produktionssysteme". In: wt Werkstatttechnik online. Jg. 99, 2009, Nr. 4, S. 205-210

[NYHU11] Nyhuis, P.; Klemke, T.; Mersmann, T.; Wagner, C.; Goßmann, D.: Bewertung und Gestaltung der Wandlungsfähigkeit von Produktionssystemen. In: ZWF Zeitschrift für wirtschaftlichen Fabrikbetrieb. Jg. 106, 2011, Nr. 12, S. 922-927

[OEST06] Oestereich, B.: Analyse und Design mit UML 2.1, München, Oldenbourg, 2006

[PAHL07] Pahl, G.; Beitz, W.; Feldhusen, J.; Grote, K.-H.: Konstruktionslehre. Grundlagen erfolgreicher Produktentwicklung. Methoden und Anwendung, Berlin, Springer, 2007

[PETE05] Petersen, T.: Organisationsformen der Montage. Theoretische Grundlagen, Organisationsprinzipien und Gestaltungsansatz. Dissertation, RWTH Aachen, Aachen, 2005

[POET09] Poetzsch-Heffter, A.: Konzepte objektorientierter Programmierung. Mit einer Einführung in Java, Berlin, Springer, 2009

[PONN08] Ponn, J.; Lindemann, U.: Konzeptentwicklung und Gestaltung technischer Produkte. Optimierte Produkte - systematisch von Anforderungen zu Konzepten, Berlin, Springer, 2008

[POSS06] Possel-Dölken, F.: Projektierbares Multiagentensystem für die Ablaufsteuerung in der flexibel automatisierten Fertigung. Dissertation, RWTH Aachen, Aachen, 2006

[POSS10] Possel-Dölken, F.: Mechatronische Modularisierung im Sondermaschinenbau. In: Gausemeier, J.; Rammig, F. J.; Schäfer, W.; Trächtler, A. (Hrsg.): 7. Paderborner Workshop Entwurf mechatronische Systeme, HNI-Verlagsschriftenreihe, 2010, S. 357-370

[REIN08] Reinhart, G.; Zäh, M. F.: Flexibilität und Wandlungsfähigkeit in der Montage. In: wt Werkstatttechnik online. Jg. 98, 2008, Nr. 9, S. 657

[RICH06] Richter, M.: Gestaltung der Montageorganisation. In: Lotter, B.; Wiendahl, H.-P. (Hrsg.): Montage in der industriellen Produktion. Optimierte Abläufe, rationelle Automatisierung. Berlin, Springer, 2006, S. 95-126

[ROES03] Rößner: Entwicklung von Lösungskonzepten zur Modularisierung und Flexibilisierung von Montagesystemen. In: Witte, K.-W.; Vielhaber, W. (Hrsg.): Flexible und wirtschaftliche Serienmontage. Wege zu zukunftsstabilen Montagesystemen. Aachen, Shaker Verlag, 2003, S. 77-96

[ROES04] Rößner, J.: Lösungskonzepte für mobile und wandlungsfähige Montageanlagen. In: Witte, K.-W.; Vielhaber, W. (Hrsg.): Neue Konzepte für wandlungsfähige Fabriken und Fabrikparks. Aachen, Shaker, 2004, S. 119-142

[ROSC07] Roscher, J.: Bewertung von Flexibilitätsstrategien für die Endmontage in der Automobilindustrie. Dissertation, Universität Stuttgart, Stuttgart, 2007

[RUPP07] Ruppert, T.: Modularisierung des Verbrennungsmotors als strategische Option in der Motorenindustrie. Dissertation, Kassel, 2007

[SCHM09] Schünemann, U.: Objektorientierung in der Anlagenentwicklung - eine Vision. In: Vogel-Heuser, B. (Hrsg.): Automated & Embedded Systems. Effizienzsteigerung im Engineering. Kassel, kassel university press GbmH, 2009, S. 20-29

[SCHU04] Schuh, G.; Harre, J.; Gottschalk, S.; Kampker, A.: Design for Changeability (DFC) - Das richtige Maß an Wandlungsfähigkeit finden. Ergebnisse des EU-Verbundforschungsprojektes "Modular Plant Architecture". In: wt Werkstatttechnik online. Jg. 94, 2004, Nr. 4, S. 100-107

[SLAM04] Slama, S.: Effizienzsteigerung in der Montage durch marktorientierte Montagestrukturen und erweiterte Mitarbeiterkompetenz, Universität Erlangen-Nürnberg, Erlangen, 2004

[SPAT08a] Spath, D.; Rally, P.; Scholtz, O.: Geschäftsstrategien und wandlungsfähige Montagen. Die Kunden bestimmen den Einsatz produktionsorientierter Geschäftsstrategien. In: wt Werkstatttechnik online. Jg. 98, 2008, Nr. 9, S. 675-680

[SPAT08b] Spath, D.: Organisatorische Wandlungsfähigkeit produzierender Unternehmen. Unternehmenserfahrungen, Forschungs- und Transferbedarfe, Stuttgart, Fraunhofer IRB Verlag, 2008

[SPUR86] Spur, G.: Handbuch der Fertigungstechnik. Band 5: Fügen, Handhaben und Montieren, München, Carl Hanser, 1986

[STAC73] Stachowiak, H.: Allgemeine Modelltheorie, Wien, Springer, 1973

[STEF07] Steffen, D.: Ein Verfahren zur Produktstrukturierung für fortgeschrittene mechatronische Systeme. Dissertation, Universität Paderborn, Paderborn, 2007

[ULRI76] Ulrich, P.; Hill, W.: Wissenschaftstheoretische Grundlagen der Betriebswirtschaftslehre (Teil I). In: WiSt Wirtschaftswissenschaftliches Studium. 1976, Nr. 7, S. 304-309

[ULRI84] Ulrich, H.: Management, Bern, Paul Haupt Verlag, 1984

[ULRI95] Ulrich, K.: The role of product architecture in the manufacturing firm. In: Research Policy. Jg. 24, 1995, S. 419-440

[VDI04] Richtlinie VDI 2206 (2004): Entwicklungsmethodik für mechatronische Systeme

[VDI11] Richtlinie VDI 5200 (2011): Fabrikplanung Planungsvorgehen

[VDI78] Richtlinie VDI 2815 (1978): Begriffe für die Produktionsplanung und -steuerung

[VDI90] Richtlinie VDI 2860 (1990): Montage und Handhabungstechnik: Handhabungsfunktionen, Handhabungseinrichtungen; Begriffe, Definitionen, Symbole

[VDI93] Richtlinie VDI 2221 (1993): Methodik zum Entwickeln und Konstruieren technischer Systeme und Produkte

[VDI96] Richtlinie VDI 2806 (1996): Funktionenanalyse; Grundlagen und Methode

[VIEL04] Vielhaber, W.; Witte, K.-W.: Planung und Gestaltung wandlungsfähiger Satellitenfabriken und Fabrikparks. In: Witte, K.-W.; Vielhaber, W. (Hrsg.): Neue Konzepte für wandlungsfähige Fabriken und Fabrikparks. Aachen, Shaker, 2004, S. 19-48

[VOGE09] Vogel-Heuser, B. (Hrsg.): Automated & Embedded Systems. Effizienzsteigerung im Engineering, Kassel, kassel university press GbmH, 2005

[WALL05] Wallentowitz, H.: Vertikal- und Querdynamik von Kraftfahrzeugen, Aachen, Forschungsgesellschaft Kraftfahrwesen mbH Aachen, 2008

[WEST06a] Westkämper, E.: Einführung in die Organisation der Produktion, Berlin, Springer, 2006

[WEST06b] Westkämper, E.; Schreiber, S.: Verbesserte Ressourcenausnutzung in der Montage. Planung und Optimierung von Montagesystemen im wandlungsfähigen Unternehmen. In: wt Werkstatttechnik online. Jg. 96, 2006, Nr. 3, S. 115-121

[WEST09] Zahn, E.; Westkämper, E. (Hrsg.): Wandlungsfähige Produktionsunternehmen. Das Stuttgarter Unternehmensmodell, Berlin, Springer, 2009

[WEYA10] Weyand, L.: Risikoreduzierte Endmontageplanung am Beispiel der Automobilindustrie. Dissertation, Universität des Saarlandes, Saarbrücken, 2010

[WIEN02] Wiendahl, H.-P.: Wandlungsfähigkeit. In: wt Werkstatttechnik online. Jg. 92, 2002, Nr. 4, S. 122-127

[WIEN05] Wiendahl, H.-P; Nofen, D.; Klußmann, J. H., et al. (Hrsg.): Planung modularer Fabriken. Vorgehen und Beispiele aus der Praxis, München, Hanser, 2005

[WIEN07] Wiendahl, H. P.; ElMaraghy, H. A.; Nyhuis, P.; Zäh, M. F.; Wiendahl, H. H.; Duffie, N.; Brieke, M.; Wiendahl, H.-P.; ElMaraghy, H.; Zäh, M.; Wiendahl, H.-H.: Changeable Manufacturing - Classification, Design and Operation. In: CIRP Annals - Manufacturing Technology. Jg. 56, 2007, Nr. 2, S. 783-809

[WIEN09] Wiendahl, H.-P.; Reichardt, J.; Nyhuis, P.: Handbuch Fabrikplanung. Konzept, Gestaltung und Umsetzung wandlungsfähiger Produktionsstätten, München, Hanser, 2009

[WITT03] Vielhaber, W.: Leitfaden zur Konzeption zukunftsstabiler Montagesysteme. In: Witte, K.-W.; Vielhaber, W. (Hrsg.): Flexible und wirtschaftliche Serienmontage. Wege zu zukunftsstabilen Montagesystemen. Aachen, Shaker Verlag, 2003, S. 5-75

[WITT04] Witte, K.-W; Vielhaber, W. (Hrsg.): Neue Konzepte für wandlungsfähige Fabriken und Fabrikparks, Aachen, Shaker, 2004

[WITT05] Witte, K.-W.; Vielhaber, W.; Ammon, C.: Planung und Gestaltung wandlungsfähiger und wirtschaftlicher Fabriken. In: wt Werkstatttechnik online. Jg. 95, 2005, Nr. 4, S. 227-231

[WULF08] Wulfsberg, J. P.; Redlich, T.; Lehmann, J.; Bruhns, F. L.: Square Foot Manufacturing. Ein wandlungsfähiges Produktionssystem für die Fertigung von Mikroteilen. In: wt Werkstatttechnik online. Jg. 98, 2008, Nr. 5, S. 337-344

[ZANG70] Zangenmeister, C.: Nutzwertanalyse in der Systemtechnik. Eine Methodik zur multidimensionalen Bewertung und Auswahl von Projektalternativen, München, Wittemannsche Buchhandlung, 1970

[ZUER10] Zürn, M.: Referenzmodell für die Fabrikplanung auf Basis von Quality Gates. Dissertation, Universität Stuttgart, Stuttgart, 2010

10 Anhang

Anhang zu Kapitel 2

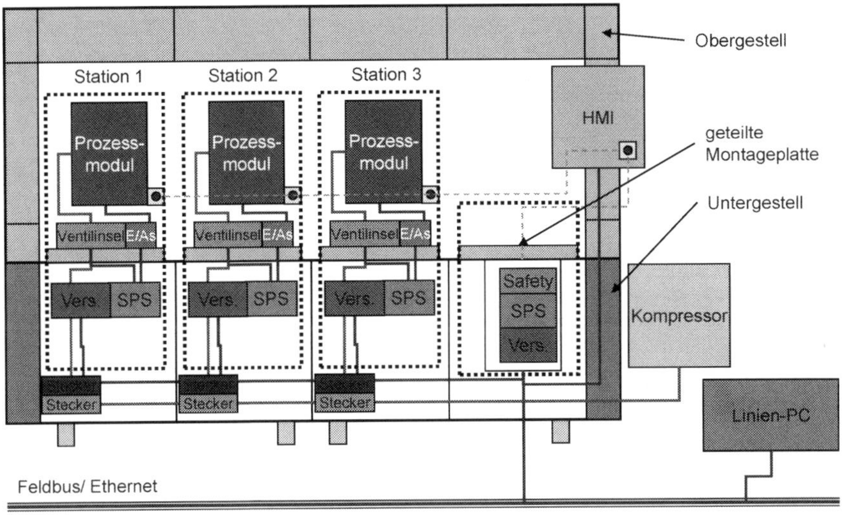

Bild 10.1: Montagezelle mit dezentraler Steuerung

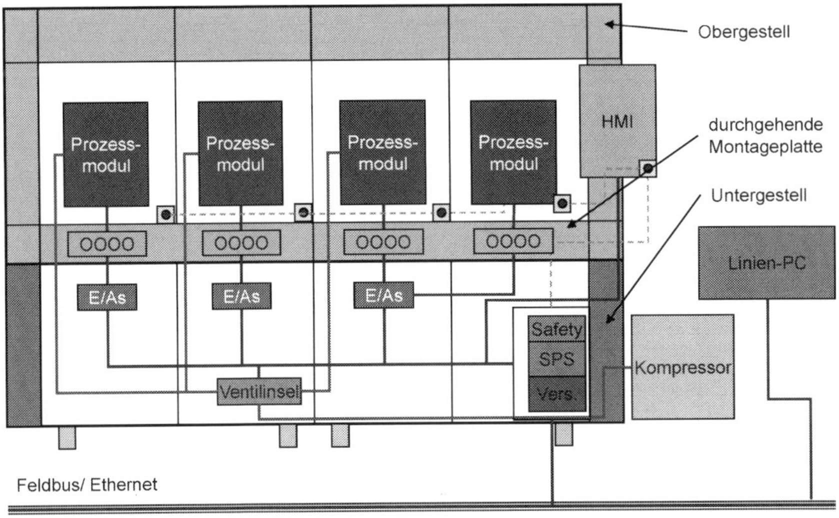

Bild 10.2: Montagezelle mit zentraler Steuerung

Anhang zu Kapitel 6

Kategorie	Kriterium	Erläuterung
Allgemein	relativer Mitarbeitereinsatz	Anzahl Mitarbeiter pro Ausbringungsmenge
	Mitarbeiterauslastung	Verhältnis zwischen Arbeitszeit und Taktzeit
	Störanfälligkeit des Gesamtsystems	Bewertung kritischer Prozesse und Vorgänge
	Auslastung von Automatikstationen	Auslastung investitionslastiger Betriebsmittel
	Zugänglichkeit für Materialbereitstellung	einfache Logistikanbindung der Stationen
	Gesamtflächenbedarf	erforderliche Gesamtfläche für das Montagesystem
	Flächenproduktivität	Ausbringungsmenge pro Flächeneinheit
Skalierbarkeit	Investitionsabstufung	Investitionsstufen zur Vermeidung von Investitionsrisiken
	Wiederverwendungsgrad der Betriebsmittel	Wiederverwendung von Modulen aus vorherigen Skalierungsstufen
	Flächenbedarfsabstufung	Nutzung von Freiflächen in niedrigeren Skalierungsstufen
	Umbauaufwand bei Skalierung	Aufwand zur Anpassung von Stationen, Materialbereitstellung, Transportsystem u. Steuerung
	Mitarbeiterauslastung im Skalierungsfall	Veränderungen der Auslastung durch Taktzeitveränderungen
	Reduzierung der Arbeitsinhaltskomplexität	Veränderungen bzw. Vereinfachung der Aufgabeninhalte durch Skalierung
	Vorhandensein von Erweiterungsflächen	Erweiterbarkeit des Montagesystems sowie der Materialbereitstellung
	Rekonfigurierbarkeit des Transportsystems	Aufwand für die Rekonfiguration und Routenflexibilität des Transportsystems
Rekonfigurierbarkeit	Austauschbarkeit und Integrierbarkeit von Stationen	Aufwand für eine Rekonfiguration
	Austauschbarkeit und Integrierbarkeit von Prozessmodulen	Aufwand für eine Rekonfiguration
	Universalität von Prozessmodulen	Grad der Universalität der prozessdurchführenden Systemelemente
	Anpassungsfähigkeit von Prozessmodulen	Anpassungsfähigkeit der prozessdurchführenden Systemelemente (Greifer, Werkzeuge, Aufnahmen ...)
	Anpassungsfähigkeit der Werkstückträger	Verstellmöglichkeiten wie bspw. verstellbare Produktaufnahmen oder eine Höhenverstellung

Bild 10.3: Bewertung von Skalierungs- und Rekonfigurationskonzepten

Elemente des Montagesystems	Einheit	Stufe 1	Änderung Stufe 2	Kostensatz	Einheit	Kosten Stufe 1	Änderungskosten Stufe 2
Übergeordnete Positionen							
Anzahl unterschiedl. Produkte	Stck.	3	6				
Losgröße	Stck.	1	1				
Rüstzeit	min.	0	0				
Planbetriebszeit	h/Jahr	2813	5625				
Anz. Rüstmitarbeiter	Pers.	1	1				
Systemausfall (techn. + organisator.)	(%)	12	12				
n.i.O.-Rate	(%)	0,5	0,5				
Zykluszeit (Engpaßstation)	sek.	67	45				
An-/Auslauf-, Hochlaufverlust	h	600	300				
Wartung&Instandhaltung (% Invest)	(%)	2	2				
Invest für jährl. Systemanpassungen	(%)	5	5				
Abschreibungsdauer	Jahre						
Systemabschnitt A							
Flächenbedarf	m²	1050	1050				
Transportsystem							
Transportstrecke Rollenbahn	m	120	0				
Drehteller	Stck.	4	0				
Werkstückträger	Stck.	40	5				
Steuerung							
Hardware	Stck.	1	1				
Software	h	650	120				
Projektierung und Engineering	h	300	150				
Inbetriebnahmeaufwand							
Transportsystem inbetriebnehmen	h	320	100				
Rekonfigurationsaufwand							
Transportsystem umbauen	h	0	80				
Montagecluster A-10							
Zuführstationen							
Grundaufbau	Stck.	7	2				
Prozessstationen							
Grundaufbau A	Stck.	6	2				
Grundaufbau HA	Stck.	3	0				
Grundaufbau M	Stck.	0	0				
Pressmodule	Stck.	20	2				
...	...	...	...				
Personal	Pers.	5	4				
Rekonfigurationsaufwand							
Stationen umstellen	Stck.	0	1				
Stationen umbauen	Stck.	0	6				
Stationen hinzufügen	Stck.	0	4				
Inbetriebnahmeaufwand							
Stationen inbetriebnehmen	h	2900	1000				
Montagecluster A-20							
Montagecluster A-30							
Montagecluster A-40							

Bild 10.4: Erfassung des Umbauaufwandes

Anhang zu Kapitel 7

Prozessklasse (Class)		Zuführeinheit	Achsspanner	...
Attribute				
	Prozessparameter	- Bewegungsraum - Geschwindigkeit	- Spannkraft - Positioniergenauigkeit	
	Produktseitige Wandlungstreiber (siehe PPM)	- Aufrüstzustand der Federn, Bremssättel, Dämpfer ... - Achskonzept - ...	- Art der Sicherungspunkte - Einleitung der Spannkraft - ...	
Verantwortlichkeiten (Responsibilities)		- Achse in Station bewegen - optional: Achse vom Transportsystem entnehmen	- Achse spannen (sichern) - optional: Achse positionieren	
Partnerklassen (Collaborators)				
	Produktklasse	- Achsträger - optional: freie Lenker (bei offenem Achs-konzept)	- Achsträger - optional: freie Lenker (bei offenem Achs-konzept)	
	Prozessklasse	- Achspositionierer - Radnabenheber	- Achspositionierer - Radnabenheber	

Bild 10.5: Beispiele für Prozessklassen der Hinterachseinstellstation

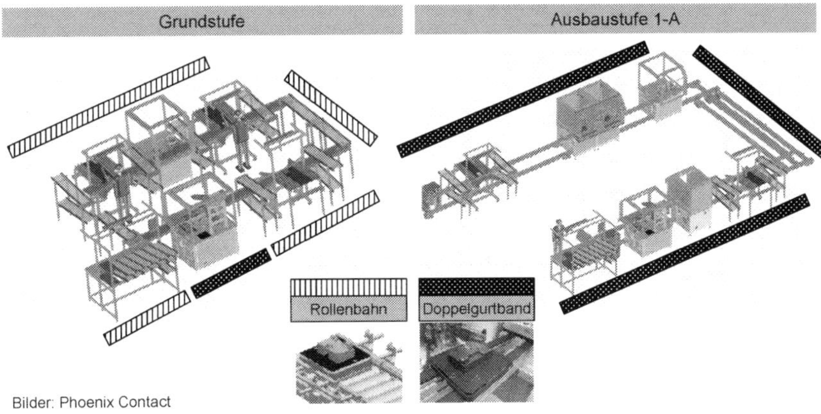

Bild 10.6: Grundstufe und Systemalternative 1-A

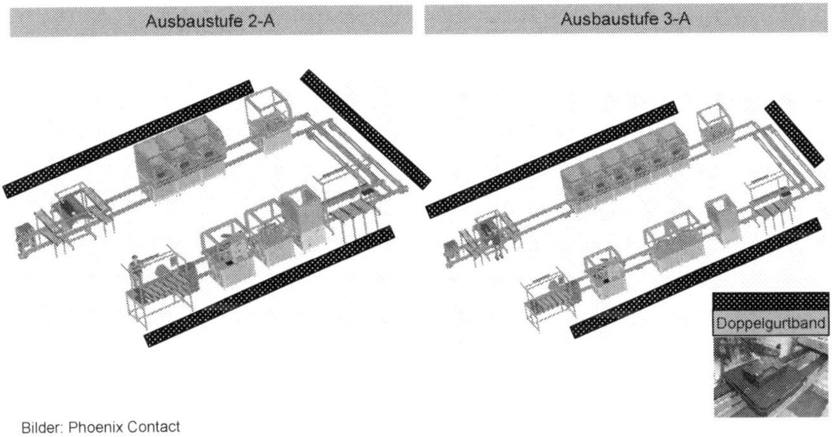

Bild 10.7: Systemalternative 2-A und Systemalternative 3-A

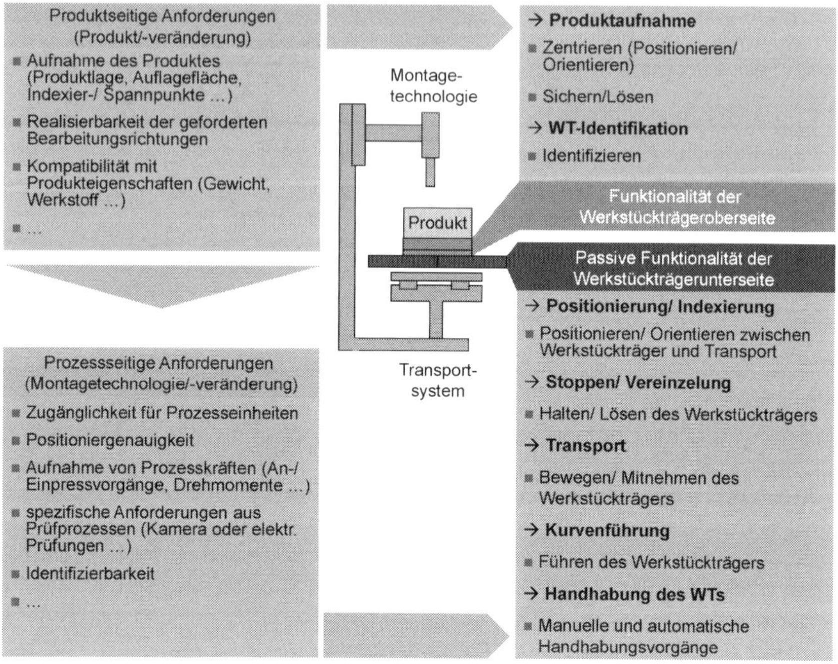

Bild 10.8: Funktionalitäten eines Werkstückträgers

FSC
www.fsc.org
MIX
Papier | Fördert
gute Waldnutzung
FSC® C083411

Kolibri 360 GmbH
Ferdinand-Jühlke-Straße 7
99095 Erfurt, Deutschland
produktsicherheit@kolibri360.de